夏克梁建筑场景写生手记

夏克梁 著

东南大学出版社
·南京·

图书在版编目（CIP）数据

夏克梁建筑场景写生手记 / 夏克梁著. -- 南京：东南大学出版社, 2025.4. -- ISBN 978-7-5766-2072-6

Ⅰ. TU204.11

中国国家版本馆CIP数据核字第2025DT8478号

责任编辑：曹胜玫　　责任校对：张万莹　　封面设计：余武莉　　责任印制：周荣虎

夏克梁建筑场景写生手记
Xia Keliang Jianzhu Changjing Xiesheng Shouji

著　　者：	夏克梁
出版发行：	东南大学出版社
出 版 人：	白云飞
社　　址：	南京四牌楼2号　邮编：210096　电话：025-83793330
网　　址：	http://www.seupress.com
电子邮件：	press@seupress.com
经　　销：	全国各地新华书店
印　　刷：	江苏扬中印刷有限公司
开　　本：	889 mm × 1 194 mm　1/16
印　　张：	17
字　　数：	479 千字
版　　次：	2025 年 4 月第 1 版
印　　次：	2025 年 4 月第 1 次印刷
书　　号：	ISBN 978 - 7 - 5766 - 2072 - 6
定　　价：	68.00 元

本社图书若有印装质量问题，请直接与营销部调换。电话（传真）：025-83791830

自序

为什么要写生　写生、画画是一件轻松愉快的事,特别是在无目的的状态下,而且画自己喜欢的题材和内容,心情会很舒畅,也很解压。写生、画画已是很多人生活、工作、学习中不可或缺的一部分。

通过写生,可以培养作者对客观对象的正确观察、对景物的直觉感知,增强立体空间意识,提高个人的艺术修养。同时,可以锻炼组织画面的能力、概括表现的能力和形象记忆的能力,顺利地从写生过渡到设计、创作阶段。

写生首先可以研究、掌握自然界的变化规律,以及景物在特定的瞬间和环境中的变化规律,其次可以积累更多的视觉符号和素材,再者也使后续的艺术创作更贴近于真实。

我们画什么　写生过程中首先要观察选景,选景对我来讲就是选择入画的场景。何为"入画"?每个人的视角、兴趣、感受、理解不一样。有的是场景打动了作者,如场景感人、色彩很漂亮、造型很独特、空间结构很清晰;也有的作者对某一类专题特别感兴趣,如建筑、服饰、器物、自然景观等。这是仁者见仁、智者见智的事情。我认为,选景简单理解就是画自己感兴趣的内容。

我经常跟出版社的编辑打交道,我很佩服他们校对文字的能力。他们校对得又快又准,让我感到很惊讶。后来编辑告诉我说,只要看多了,错字或出现的问题自然会从页面中"跳出来"。我想,同样的道理,只要你画得多了,感兴趣的场景就会"跳到"你的面前,并且告诉你,"画我吧,我很入画"。

于我而言,我选景也有偏好,我喜欢画老房子,更喜欢画老房子中随意堆放的杂物,我认为这是老百姓真实的生活现状,有温度,有烟火气。另外,从写生的角度看,杂物不受空间、形体和透视的约束,无拘无束,用笔可以做到洒脱、自由,很是痛快。

选用什么工具和表现形式　　写生中，采用不同的工具和表现形式跟作者自身的能力、写生的对象、环境、天气等因素都有关。在工作匆匆的行程中，或是旅游途中，只能利用空隙时间随手记录感兴趣的内容，不方便带太大的本子，可选择开本较小的手账本，工具则以使用便捷的钢笔、签字笔、秀丽笔、艺线笔等为主。如果是专门的写生活动，可以携带开本较大的速写本或纸张，工具等装备则可以更齐全些。

写生过程中，在时间特别紧张的情况下，比如行程中还有 15 分钟就要离开这个地方，但我又特别想画，就会采用钢笔（或秀丽笔）做最快速的记录。如果时间相对宽裕，并且写生对象的色彩打动我，我会画得比较深入或者涂些颜色，画的尺幅也会更大些。一般情况下，在写生活动或行程结束回来后，我会再画一些，毕竟现场的时间是有限的。

应该怎么画　　画画是一件很感性的事。看到感兴趣的场景，我一般很少先在脑子中仔细考虑怎么布局，都是直接下笔，下笔时肯定、自信、无意识；有时也会出现"画错""画得不准"的地方，就及时调整，整个过程都在一种自然的状态中完成。速写跟平常训练的量有绝对的关系，画多了，你驾驭画面的能力也就增强了，具备了这样的能力，你的画也就不会"画坏"。所以我的速写本中从来不会出现画了一点就放弃的页面。对于初学者来讲，敢画很重要、坚持画完很重要，画完肯定会有收获。对景物或建筑场景如果真的没把握，也可以先用铅笔起形，不过我推崇的还是直接下笔，要自信，要敢画，要克服犹豫的心理，要有"大不了就浪费一张纸"的心态。

临摹、模仿、借鉴是每位作者学画初期难以回避的一个过程，这也是有必要的。但到了后期，就应有各自独特的绘画语言。个人的绘画语言是自然而然形成的，无需刻意，这跟个人的阅历、绘画习惯、审美情趣等都有关系。当作品画到一定熟练程度的时候，或称形成个人风格的时候，就要适当考虑不要只是重复劳动，需要突破自己，要给自己压力，不断推动自己前行。

关于这本书　　写生是很多艺术家、专业院校的师生以及业余爱好者喜欢从事的一项绘画活动。特别是在艺术专业院校中，有专门开设的课程。学生可以集中精力对写生进行研究和探索，这锻炼了对建筑场景及景物的表现能力，提高了绘画的综合素养，为后续的专业学习、工作等奠定扎实的基础。

我从事专业教学工作多年，且一直致力于写生、速写的实践。多年的教学和创作实践经验中，深感写生、速写的重要性。本书是在《夏克梁钢笔建筑写生与解析》的基础上编写完成的，并在书的形式上保持连续，所有作品均是我近几年教学之余或寒暑假期间进行写生的作品，我仍将写生过程中的一些心得，直接地表述在图面上，意在使阅读更为直观，便与读者进行更好的交流和探讨。

夏克梁
2025 年元月

目录

CONTENTS

建筑场景写生	002
一、观察	009
二、取景	031
三、构图	055
四、表现	075
1. 线描画法	076
2. 明暗画法	098
3. 综合画法	114
4. 快速画法	140
五、画面处理	161
1. 概括	166
2. 取舍	182
3. 对比	194
4. 调整	240
六、创作	247

■ 建筑场景写生

建筑场景写生是指画家在进行艺术创作活动时，以客观的建筑物及场景为依据，进行描绘的一种绘画表现形式。这种将物象转变为图形的创作活动，是通过画家对形体的组合、色彩的搭配、技法的运用等来构成画面中的次序感和形式美感，所展示的艺术效果也是画家个体的精神体现。写生目的和意识的不同，反映在画面上，绘画表达形式和情调也将会有所差异。

长期以来，建筑场景写生作为绘画、建筑、动漫、影视等专业的重要基础课程，学生在学习中体会到其与相应专业在艺术造型规律上的一致性和共同点尤为重要。通过写生，学生可深入地观察和表现所要表达的对象，从而培养敏锐的观察力和快速准确的表现能力。

学生在写生练习时，应根据专业学习的特点，结合自己能力和所掌握的知识，以独特的视角表现建筑及场景的形式美、结构美、材料美以及建筑空间关系，从而培养学生严谨的造型能力，扎实的写实功底和对物体的塑造能力，以及对建筑空间、景物的认知和理解能力。通过写生，可以积累更多的经验，有助于今后的艺术创作和设计表达。

一、观察

写生过程是一个观察的过程，通过观察能识别建筑及空间场景中各种复杂微妙的变化，同时也训练眼睛对色彩敏锐的反应能力。面对建筑及其场景，我们首先要从不同角度和同一角度的不同距离进行反复观察、比较，体会建筑物外部形体和内在神韵的变化及其与环境的空间关系，使画者对建筑场景有个深刻的认识，然后选择能体现建筑形态及空间特征的最佳视角和最佳距离。当确定好作画角度和位置时，再进一步观察研究。

二、取景

取景首先意味着选择，从复杂的自然环境中努力选择那些即将进入画面的视觉元素，使视觉感到愉快且形式上具有吸引力。选择时，要注意让建筑空间场景以及建筑的主体或局部占有重要的位置，以表现空间或突出建筑主体。主体与环境的安排要有主次和层次，通常以主体和其周边的环境组合成画面，或近、中、远景来组成画面的空间层次关系，其在画面中占有的位置、形状、大小就是画面分割的关系。取景时，可通过取景框观察远、中、近景的层次关系，取景框可以是手势取景、自制纸板取景框或是借助数码照相机的取景屏幕；然后分析哪里是视觉中心，哪里是需要淡化的，以及各个景物在画面中所占的位置、比例关系。

三、构图

构图是指画面的结构，而结构是由众多视觉元素有机组合而成。组合时要按照形式美的法则进行，形成既有对比而又统一的视觉平衡。

速写常用的钢笔、签字笔、秀丽笔等在落笔后不宜修改，要求作画时首先要对整个画面有一个统筹的思考，养成意在笔先的习惯。初学者可先用铅笔起稿，把握画面的大致尺度，也可以先用小图勾勒的方式来推敲构图，以便在写生过程中驾驭整个画面。画面布局时，应注意画面趣味中心（即主体）的确立，主体的位置安排要根据场景的内容而定。一般情况下，主体不宜置于画面最中心的位置，过于居中会使人感到呆板。但也不要太偏，太偏又会给人带来主题不够突出的感觉，适宜置于画面的中心附近。

均衡是构图在多样统一中求变化。画面上下、左右物象的形状、大小的安排应给人以视觉上的均衡感和安定感。构图时，还要注意画面图形（正形）和留白（负形）处的面积对比。正形过大，给人一种拥挤与局促的视觉印象，使人感到压抑。而过小又会给人一种空旷与稀疏的视觉印象。写生中，构图经常是一个全过程的经营，不到最后一笔，很难说完成，只有将构图的艺术与表现手法完美结合，才能够创造出艺术性较强的写生或速写作品。

四、表现

传统写生以水彩、水粉和油画、国画的形式较为常见，根据工具材料的特性，作品也可以画得相对深入。手绘速写则以钢笔、秀丽笔、马克笔等便捷工具为主，以记录为目的，追求快速，表现景物大关系为主要目标。速写工具中的钢笔，其携带、使用方便，且具有易学、易上手、可塑性强等特点，长期以来备受艺术家、建筑师和速写爱好者们的亲睐。钢笔画的绘制十分简便，且笔调清劲，轮廓分明，其线条非常宜于表现建筑的形体结构，也可通过线条的交织、重叠形成影调，表现出场景的空间。因此，钢笔速写或钢笔画是建筑场景写生中最常见的一种表现形式，本书介绍的案例也均以钢笔工具为主。

钢笔画与其他画种有着同样的审美特点，且逐渐形成自己的体系，成为独立的画种。线条和点是钢笔画最基本的组成元素，具有强烈的概括力和细节刻画力。线条和点可以单独使用，也可以交叉结合，通过点以及长短、粗细、曲直等徒手线条的组合和叠加，来表现建筑及环境场所的形体轮廓、空间体积、光影变幻以及不同材料的质感等。线条在画面中的不同运用和组合，反映出不同的画面效果。技法是艺术家对对象的认识和理解，并转化为具有美感的艺术形象的手段。因此，在写生过程中，需

要努力探索各种不同的表现手法，不断丰富自己的表现能力。

1. 线描式画法

线描是绘画造型艺术中最基本的表现手法之一。线描式画法吸取了中国画中工笔画的笔法，

表现的对象轮廓清晰，线条光洁明确，是研究建筑形体和结构的有效方法。写生时，要求作画者不受光影的干扰，排除物象的明暗阴影变化，通过对客观物体作具体的分析，准确抓住对象的基本组织结构，从中提炼出用于表现画面的线条，画出建筑及场景中景物的轮廓、面的转折及局部的结构线，建筑及场景的空间关系可通过线的浓淡或疏密组合及透视关系来表达。不同线条在画面中的穿插组合，根据其特性以及在画面中的运用，钢笔线描式画法又可分为三种表现形式：

① 同一粗细的线条描绘建筑内外轮廓及场景中的景物，用笔力均匀，线条的粗细从起始点到终端保持一致，通过同一粗细线条的抑扬顿挫来界定建筑的形象与结构，是一种高度概括的抽象手法。这种画法在造型上有一定的难度，容易使画面走向空洞与平淡，完全要依靠线条在画面中合理组织与穿插对比来表现建筑的空间关系。

② 用粗细线条相结合的方法来表达建筑场景的空间关系。如粗线用来描绘近景或建筑形体的大轮廓线，细线则表达远景或建筑形体中的内部结构或表面肌理等，从而使空间场景及建筑形体之间层次分明。但如果只是机械地区分轮廓线，也会导致画面显得呆板。

③ 以粗细、轻重、虚实等不同性质的线条在同一画面的穿插与组合，表达建筑的结构层次及场景的空间关系。这种方式在描绘过程中，根据场景的主次和前后关系以及画面处理的需要，选择不同性质的线条，画面显得活泼生动。但线条的粗细、轻重如搭配不当，也将导致画面平均与分散，缺少主次关系。

2. 明暗式画法

在光的作用下，物体会呈现一定的明暗对比关系，称明暗关系，明暗画法就是运用丰富的明暗调子，来表现物体的体感、量感、质感和空间感等。明暗画法是研究建筑形体及空间的有效方法，这对认识建筑的体积和空间关系起到十分重要的作用。明暗画法依靠疏密程度不同的点或线条的交叉排列，组合成不同明暗调子的面或同一界面中的明暗渐变，主要以面的形式来表现建筑的形体及场景的空间

关系。不强调构成形体的结构线，这种画法具有较强的表现力，空间及体积感强，容易做到画面重点突出，层次分明。通过钢笔明暗式画法的练习，可以加强对建筑形体及场景空间的理解和认识，培养对建筑空间、虚实关系及光影变化的表现能力，从而拓展作品的视觉张力。该方法也可结合其他绘画工具和材料来实现，是最适宜表现建筑场景空间层次关系的方法。

3. 综合式画法

以单线白描为基础，在建筑的主要结构转折、明暗交界处或场景前后关系上，有选择地、概括地施以简单的明暗色调，或以明暗为主，加线条勾勒，故此法又称线面结合的画法。这种画法强化明暗的两极变化，剔去无关紧要的中间层次，容易刻画、强调某一物体或空间关系，又可保留线条的韵味，突出画面的主题，并能避其短而扬其所长，具有较大的灵活性和自由性。画面用精简的黑白布局，从而显得精练与概括，能赋予作品很强的视觉冲击和整体感。

4. 草图式画法

写生时，有时因时间的限制，不能精确细致地刻画建筑物，而只能以一种快速的表达方式记录式地描绘建筑的意象，这种方法称为草图式画法，或称快速画法。快速画法是基本功训练的重要环节，可以在较短的时间内，简明扼要的把握建筑的形态特征与场景的空间氛围。其用笔随意、自然，画面的线条显得松散且不明确，建筑的形体及场景一般由多根线条反复组合予以限定。这种画法往往不能表达建筑具体结构和场景的细节，而只能体现建筑的大致形态及其场景的氛围效果。通过快速画法的训练，可以锻炼学生敏锐的观察力和准确、迅速地描绘对象的能力，有助于后续在创作、设计过程中对构思的顺畅表达。

五、画面处理

绘画是作画者将自己的情感通过图面的艺术语言传达给对方，随着基本造型能力的提升，写生将不仅仅停留在准确如实地描绘对象上，而是要主观地进行艺术的处理。运用概括、取舍、对比、强调等造型手法，情景交融地表现物象，使画面具有强烈的艺术感染力。

1. 概括

自然界的物体纷乱繁杂，写生不等于照相，如果只是"真实"地反映自然，画面不但会显得杂乱无章、无主题、无层次，也谈不上艺术地再现自然。以钢笔、秀丽笔为主的画面与其他画种相比，有其鲜明的特点，画面的中间层次缺少细腻的变化，黑白对比强烈。因此，写生特别要注意概括与提炼、选择和集中，保留那些最重要、最突出和最有表现力的东西并加以强调，而对于那些次要的、变化甚微的细节进行概况、归纳，才能够把较复杂的自然形体有条不紊地表现出来，画面也才会避免机械呆板、无主次，从而获得富有韵律感、节奏感的形式，有力地表现建筑的造型特征。

2. 取舍

建筑场景写生是对建筑物及其环境的提炼，而不是详尽无遗地描绘看到的所有细节。写生时，有时难免出现对构图不利的物体或感到画面上缺少某样景物，这种情况下可采用取舍的处理方法，主动地把握画面。取舍包含着两个含义，即"取"和"舍"：

① 取。即将画面以外有利于构图的物体移入画面，也可根据作画者的主观想象进行添加，但这必须考虑到建筑的地域特征、文化习俗和季节习惯，让人感到添加的内容是合情合理地溶入到环境之中。

② 舍。大胆舍弃那些对画面构图不利的物体，或是那些繁杂的、可有可无的东西，如此能使主题更加突出，画面的艺术效果更具感染力。

3. 对比

任何一种造型艺术都讲究对比的艺术效果，建筑场景写生也不例外。画面中如缺少对比会显得平淡，而对比无度又显得杂乱。对比可使画面的空间产生主次、虚实、远近的变化，还可使画面的主题明确，从而使画面生动而富有变化。因此在处理画面的时候，要学会一些有效的对比手法，彼此衬托，强调画面的变化，表现主题，突出重点。对比手法的运用，既要自然，又要合理，不必强求，强求的对比效果常常使画面显得虚假而不真实。对比可以有下面三种：

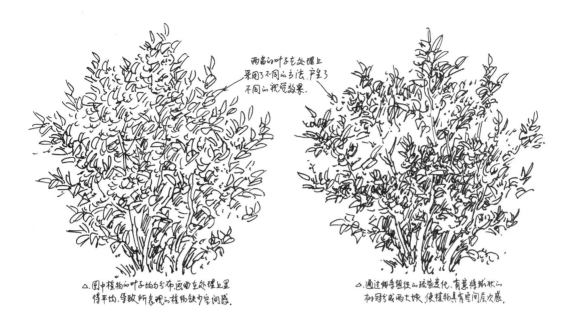

△ 图中植物的叶子均匀分布,画面在处理上显得平均,导致所表现的植物缺少空间感。

△ 通过笔手组织的疏密变化,有意将形状和树影分成两大块,使植物具有空间层次感。

① 虚实对比,是处理画面主次及空间关系的最有效方法,钢笔、秀丽笔的虚实对比主要是通过线条疏密的组织,繁简的处理等手法去获取特殊的艺术效果。写生时,将画面的主要建筑物或前景部分进行深入刻画,予以强调,而将次要部分、配景或远景进行概括、简化处理,使画面中的主要物体实、次要物体虚,或是近处实、远处虚,从而突出主题和空间层次。

② 黑白对比,或称明暗对比,是指画面明暗强弱的对比,明暗对比是增强空间效果最有效的方法。明暗对比易产生强烈、明确的空间视觉效果和丰富的节奏感,也可起到强调主体,突出重点,以增强建筑的体量感和空间层次感。

③ 面积对比,是指不同物体在同一画面中所占的面积大小不同形成的对比。主体是画面中的视觉中心,其面积在画面中应占有一定的比例,而次要部分则只是陪衬与从属,因而所占面积较小。主体与次要部分在画面中所占的面积形成了大小不同的对比,也强化了主题。

④ 疏密对比。缺乏多样变化的画面是单调的,疏密程度不同,可达到黑、白、灰的画面效果,画面中应做到疏衬密、密衬疏,层次分明,形象突出。线条的组织安排要有理法,要有宾主。线条合理的经营,才能使画面"疏者不厌其疏,密者不厌其密,疏而不觉其简,密而空灵透气,开合自然,虚实相生"。

4. 调整

当画面基本完成之后,就要对整个画面进行统一的调整,其目的是使主体建筑与配景间更加贴切、充实、协调。调整时,首先可考虑构图的需要。为了确保构图的平衡、对比以及整体性要求,应当认真对照主次,看主要部分是否明朗,高低如何,次要部分是否画得太突出或太含糊,相互之间是否做到协调一致,既要保证画面的重点和精细所在,又要考虑整幅作品的完整性和统一性。其次是强化对比。通过对比可使画面的主题及空间关系鲜明起来,主次关系一目了然,量与质的对比不足者,可略加线或调子以满足对比度。再者,通过调整,还可丰富画面,可在过于平淡的地方添加内容,背景内容和主体内容应统一而富有变化。调整后的构图更加完美,黑白布局更加合理,内容更加丰富,画面更加完整,直至感到满意为止。

钢笔场景建筑写生是学习绘画的基础训练,也是艺术家、插画师、影视工作者、建筑设计师等创作灵感源于生活、源于自然的真实见证。通过写生可以培养观察和分析对象的能力,并使学生对建筑及场景的认识逐渐敏锐深刻,从而在创作时获取更多的灵感。

观察：

　　观察的首要目的在于寻找可画的建筑场景及相关景物。确定所描绘的对象后，需要整体把握建筑的形态和比例，注意其几何形态和空间关系。其次，细致观察建筑的结构、光影层次以及材料的质感等。同时，留意环境元素如树木、人物和天空，它们为画面增添生动感和情境感。通过多角度、多层次的观察，能够更准确地传达建筑的特质与情感。

01
观察

◎ 建筑写生过程是一个观察的过程，通过观察能识别建筑的形态特征、空间关系、细部结构等。通过观察进行分析、比较，从而正确有力地表达对象。

◎ 观察角度的选择、构图的安排妥当与否，对处理空间层次有时起着决定性的作用。

◎ 左边两图的角度一致，视距不同：上图的场景较大，但如果将铁笼作为画面中的主体，其体量显得略小，加之左边大树的树干形态以及横卧树枝的位置及大小都会影响画面的效果；下图场景虽不大，但空间中的层次较为分明、主次关系也易于表达。

△ 该图的视角相对宽广，包含完整的鸡笼及其周边的环境，但在取景的过程中，需要通过仔细的观察、比较，找到合适的视角及恰当的视距，才能构画出满意的构图。

△ 该图的视点较低，构图相对饱满，画面张弛有度，也显得较为紧凑和完整。

01 观察

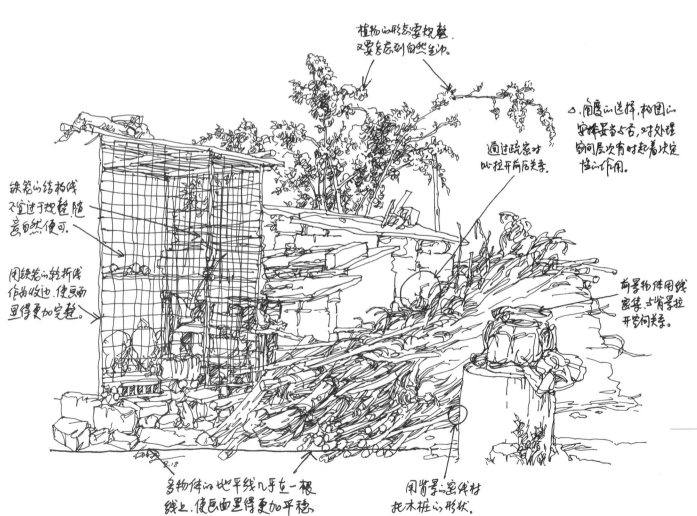

011

◎ 写生前要反复比较，明确趣味中心，然后根据构图法则，将趣味中心安排到画面的适当位置。在表现时，应做到主次分明，重点突出，方可使画面更具艺术感染力。

◎ 适当加强明暗的变化，可增加空间层次。

◎ 强调透视线，可增强景深。

◎ 左边两图的视距一致，角度不同：上图的角度较正，空间景深感较强，但主体显得略小且不易表现其体积感；下图的角度及前后层次关系较好，不足之处在于两堵残破墙体的方向过于一致，取景时需做适当的选择。

01
观察

013

◎ 写生时，通过认真地观察，仔细地分析，能够使作画者对建筑形态特征的捕捉更加敏锐，使作画者对建筑的认识从感性上升到理性，从而更有力地表达建筑的特征。

◎ 表达中景时，可稍概括。

◎ 远景的表达，画出其轮廓线即可。

◎ 上方三图分别从不同的角度及视距进行观察和比较，左图的视角较正，产生一点透视，使左右两边较为对称，容易导致画面显得呆板；中图的视距较近，缺少空间感，容易导致构图局促；右图在左图的基础上略调整角度，使画面产生两点透视，构图相对活泼，并带有一定的空间场景。

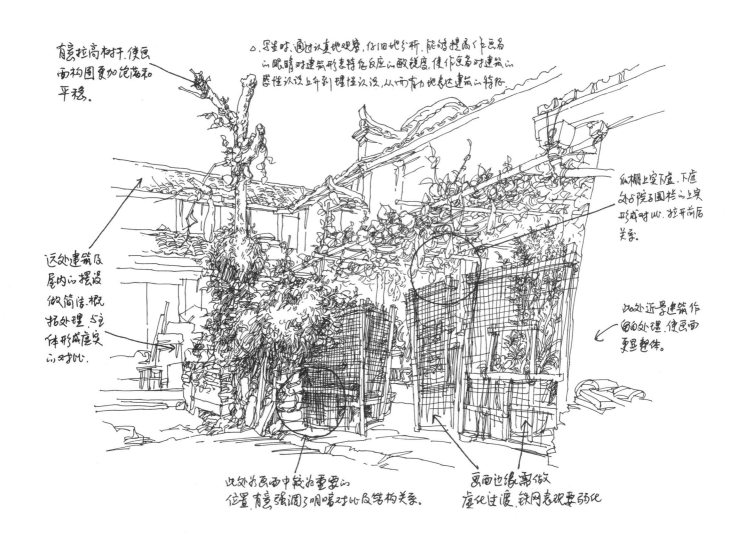

01 观察

◎ 表现建筑与环境，首先通过不同角度的观察、分析，研究各个视角所构成的空间关系，再进行比较，选取既能最大限度地体现建筑特征，又能反映建筑与其他景物前后关系的角度。

◎ 学习画树的最好办法，无疑是对树进行多观察、多写生，了解树的生长规律。

◎ 写生中，必须善于捕捉树的形态和动势。既要体现树的共性特征，又要表现它们的个性特点。

◎ 上方三图是在角度相同的情况下，分别从不同的视距和不同的视点高度进行观察，左图视距较远，空间景深感强，容易使画面出现"空"；中图视距适中，视点偏低，使画面构图稳重、饱满，并具有一定的空间感；右图视距更近且视点偏高，使水缸显得过大、地面容易画空。

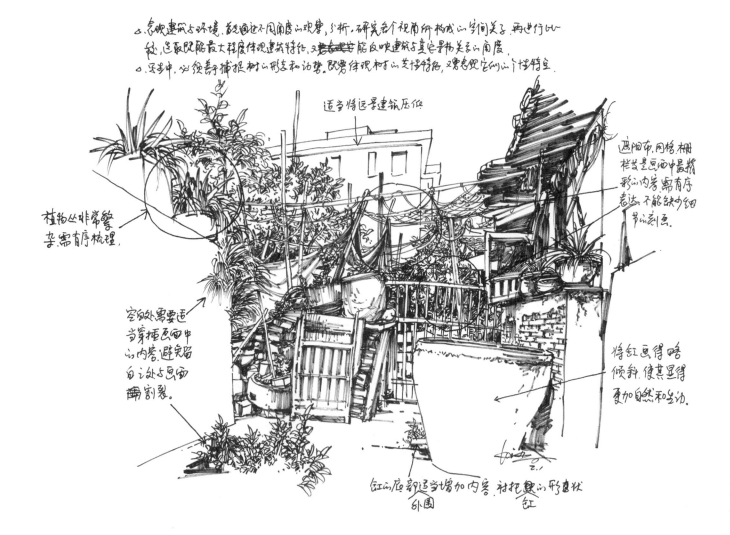

01 观察

远处建筑可以是局部，可以显其高大，也可以整体，使画面显得更具层次感。

画面中的物体调应存在着叠加的关系，使表现出的物体相互有关联，也将使画面显得更加丰富。

地面的延伸感可以通过疏密来处理，简言之就是近处适当画一些内容，慢慢过渡到远处的留白。

△ 观察一般由远及近。观察一般是为了找更好的视角和视点。观察中需要经过反复的比较，然后确定用最能体现场景的位置，再考虑构图的安排。该图相比其它两图，层次感较强。 观察

远景简单概括。

留白面积过大，需处理好，处理不当会使画面显得较空。如果处理得好，则使画面更具形式感，增加趣味性。

表现建筑，无论是大结构线还是表面材质的纹理结构线都要注意其透视的准确性。

△ 二图相比，这是较好的折中的一个距离，且视点相对较低，前后景关系分明，构图平稳，饱满。是较好把握的一个视角。

视点偏高，天空所留的面积就相对偏小，容易使画面产生压抑感。

当视点较高时，地面所呈现的面积就会偏大，这时需要添加相应的植物或表现出石板的结构线，以防止地面过空。

水缸面积过大，一般情况下，不太好处理，所以在构图中尽可能避开此问题。

△ 该图的视距较近且视点偏高，如果以近景的水缸为主体，虽然水缸的内容不够丰富，难以构成画面的中心，如果以左上内容为主体，视觉中心，水缸过大的面积则削弱了主体。 画面中

◎ 写生时，想要充分表现对象，必须进行仔细的观察。通过观察来理解物象间的组织关系，才能确定表现对象特征的最佳视角，有力地反映建筑的本质，取得良好的画面效果。

◎ 上方三图分别从不同的角度及视距进行观察和比较。左图不仅主次分明，且具有较强的空间层次感；中图视距推进，构图平稳，也具有一定的空间感；右图的透视感较强，内容丰富也可构成一张完整的画面。可见，同一场景，有时经过多角度和全方位的观察和分析，能表现出多张不同的画面。

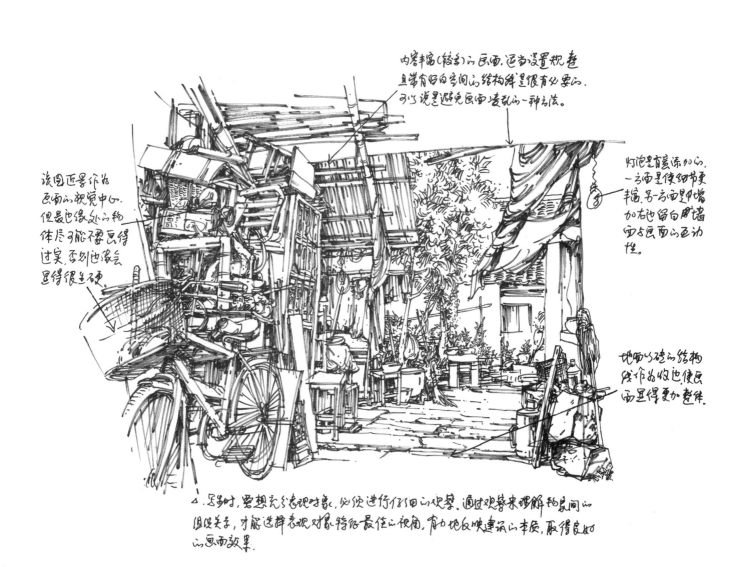

◎ 运用钢笔写生，要求我们深刻细致地对所描绘的建筑从不同角度进行观察。只有充分地了解对象，才能做到胸有成竹、下笔果断，准确地画出流畅而有力的线条。

◎ 上方三图分别从不同的角度进行观察，同时对横竖构图也进行比较。三个角度都可以构成一张完整的画面，当然，每一个角度也都不可能达到完美，需要在画的过程中做适当的调整、改变或处理。

△ 竖式构图可以更好地表现空间的纵深感，而横式构图则使表现的画面更加舒展，该构图也可以较好地表现空间及层次。

01 观察

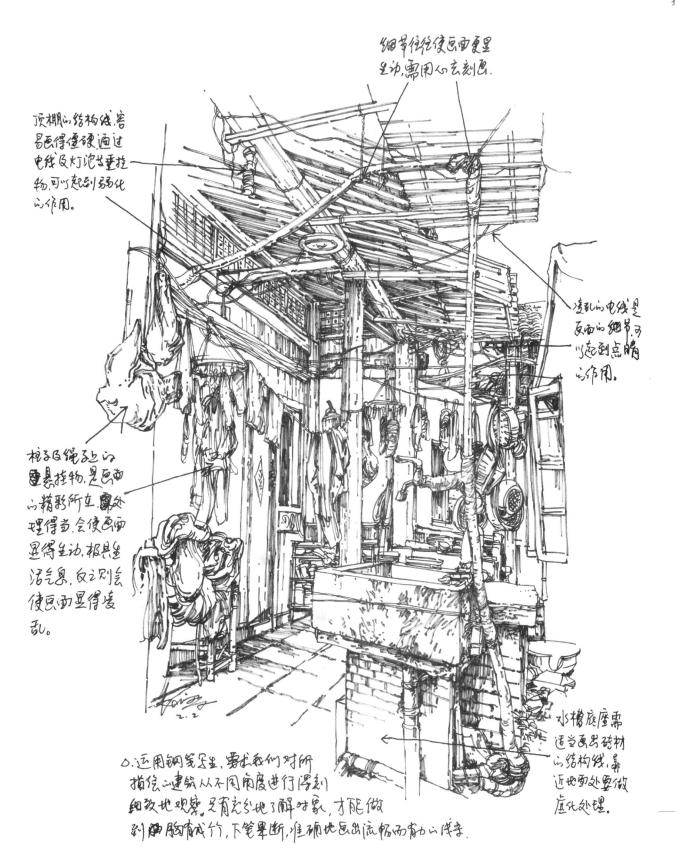

021

01
观察

◎ 左边两图是在同一位置对空间场景不同的范围进行观察，相比较而言下图的场景更大一些，特别是近处的地面，对画面的收边起到一定的作用。

01 观察

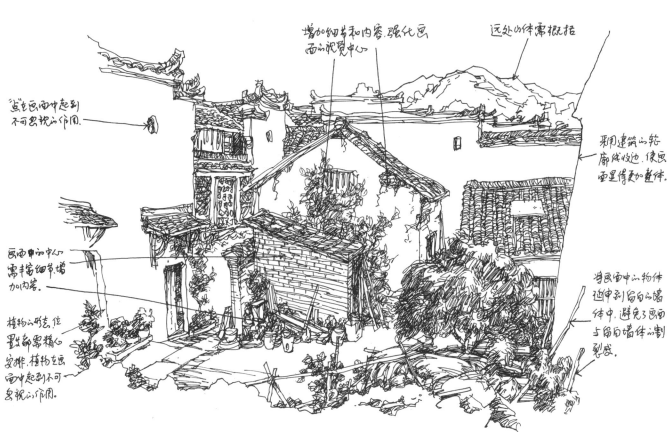

◎ 通过对景物的观察，选择相适应的手法来表现景物的外观轮廓线和体块特征，将景物的重点部分纳入构图的视觉中心予以展示，有力地反映景物的精华。

◎ 我喜欢老房子和老物件，这跟我的成长经历有关。我小时候就生活在老屋中，所用的器物都是老物件，每次看到老屋和旧物，都能勾起我儿时的美好回忆。

01 观察

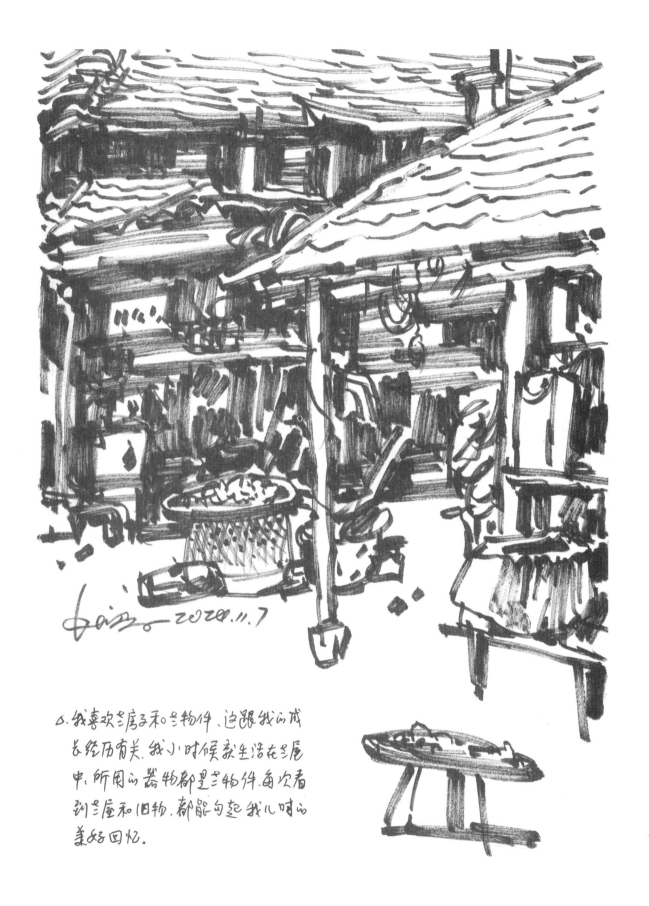

△. 我喜欢老房子和旧物件，这跟我的成长经历有关。我小时候就生活在老屋中，所用的器物都是旧物件。每次看到老屋和旧物，都能勾起我儿时的美好回忆。

◎ 整体观察的方法是造型艺术必须遵循的基本规律。在对建筑写生时，先要整体观察，然后观察建筑各个细部的造型特征，再把各个细部联系在一起观察，形成一个有机的整体，从而在表现对象时，能更好地把握画面整体感。

◎ 主体的面积和次要部分的面积过于相近，容易导致画面显得平均。

◎ 速写能力跟平常训练的量有绝对的关系。画得多了，驾驭画面的能力也就增强了，具备这样的能力，其实就不会"画坏"。

01 观察

△. 整体观察的方法是造型艺术必须遵循的基本规律。在对建筑写生时,先要整体观察,然后观察建筑各个细部的造型特征,再把各个细部联系在一起观察,形成一个有机的整体,从而在表现对象时,能更好地把握画面整体感。

取景：
　　在建筑场景写生中，首先，选择一个具有吸引力的视角，通常包括建筑物的主要特征和周围环境。其次要考虑建筑的层次、结构以及光线和阴影分布，以增强画面的立体感和氛围。取景的同时需要考虑到构图，画面中的安排要有层次，同时注意前景、中景和背景的层次感，使画面富有深度和故事性。

02

取景

◎ 表现某一场景，首要的目的是表现其氛围。构成氛围的主要内容有人和物。场景写生时，要注意选取最能体现场景活动内容的视角。

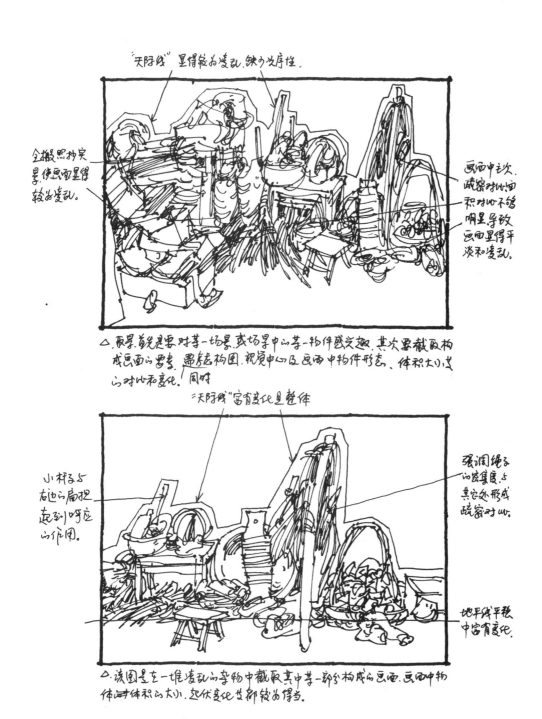

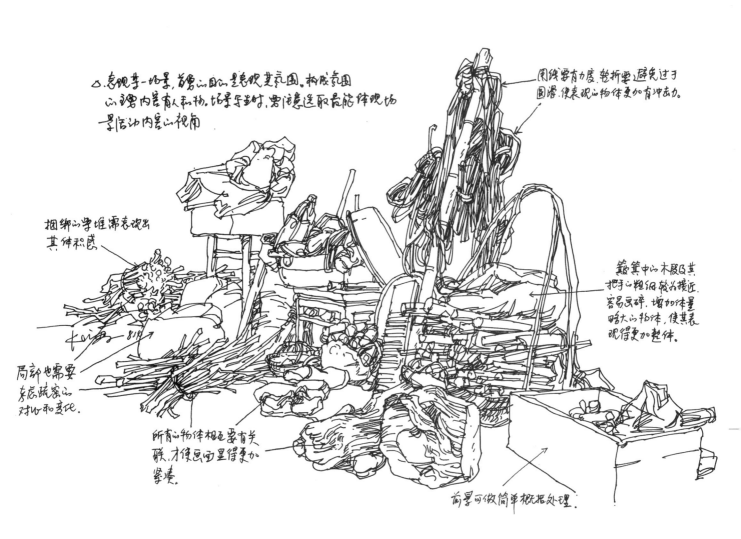

◎ 取的"景"可以是反映场景的建筑群体和个体，要根据作画者的理解和感受以及表现的目的而定。

◎ 建筑写生除了表现建筑的形体结构之外，还有很重要的方面就是环境配景的处理。它是建筑不可分割的一部分，其对画面的气氛、构图、空间有很大的影响，正确认识和处理环境配景是保证画面效果的必要条件。

◎ 前景植物可画出具体的形状，中景略概括，远景的植物画出轮廓线即可。

◎ 左边三图中，上图的场景较大，左边植物占有一定的面积，虽有较好的空间景深感，但因树冠的体量过大且缺少变化，容易将树冠画得呆板并导致画面右上角过"空"；左下图的建筑场景较为饱满，但缺少前景，导致空间景深感不强。结合两者的特点和存在的问题，需要从他处选取合适的植物作为前景。右下图虽是盆景，但其形态自然生动，非常适合作为前景的植物。

◎ 视觉中心应尽量刻画得细致、生动。

◎ 明暗交界处（或界面转折处）适当铺设明暗，以强调某一结构或强化建筑的体量和空间关系。

◎ 上方三图，是在确定了角度后，不同视距上的对比。左图具有一定的景深感，但缺少具有一定体量、形态适宜的前景，容易导致构图上出问题；中图的距离适中，可以使画面的构图饱满，并具有一定的空间场景感；右图离主体建筑的距离过近并缺少场景，容易使表现的画面显得局促并缺少空间景深感。

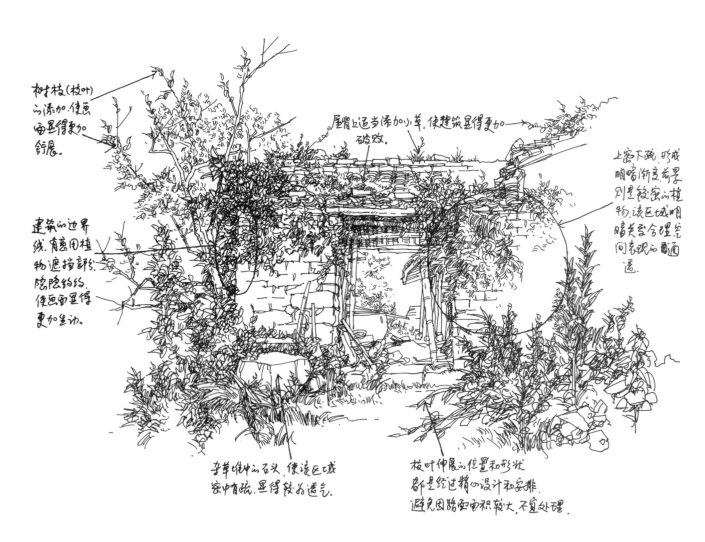

02 取景

△ 观察是为了更好地取景，观察中可以明确定角度，待角度确定后再确定取景的范围。三图中，该图的视距最近，右边建筑过大，削弱了主体建筑。

△ 相比上图，该图中建筑的大小就相对合理些，整个构图也相对饱满，并具有一定的空间层次。

△ 相比上面两张构图，该图的取景范围更小，主体建筑与配景的比例拉得过开，构图过于饱满，使画面显得局促，产生压抑感。

夏克梁建筑场景写生手记

02
取景

◎ 取景决定了画面构图的取向。

◎ 选景时，从多角度观察，通过分析和比较，最后选择一个合适的距离和视角来表现。

◎ 画面的线条与组织是钢笔画写生的第一个问题，也是一个最主要的问题，它是一幅画的开始，是一次艺术创作活动的开始。粗细线条的组合使画面更为丰富。

◎ 左边三图中，左图的场景较大，加上是竖构图，使空间景深感更强；推进视距后的右上图，景深感显然不及左图；右下图是场景中的局部，虽可画，但无场景。

△ 该横式构图也有一定的优势，相比竖式构图它们各具特色，都能构成一幅完整的画面。写生中应根据自身情况灵活应对，如果举棋不定，也可勾两小图进行比较。

△ 取景首先需要多角度进行观察，其次确定写生的范围和内容，再者决定幅式的选择。

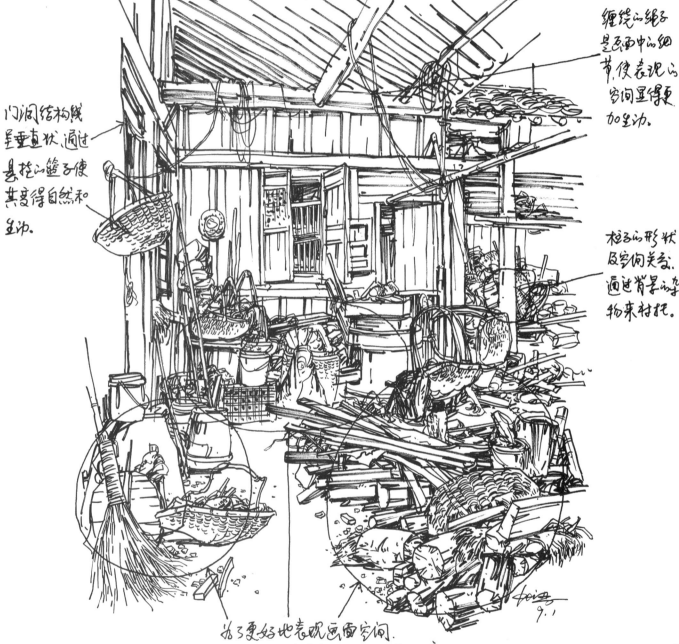

◎ 写生时，有时建筑呈现在你眼前并不是十分完美。为了使建筑层次更丰富、构图更完满，在画到某些局部时，可以有意移动位置，或坐或站，或左移或右偏。

◎ 左边三图中，上图的角度较正、视点较低，且视距较近，不仅缺少空间场景，还容易导致画面构图局促、呆板；中图的角度、视距以及视点的高度都较为适宜，使表现的画面不仅主体突出，而且具有一定的空间景深感；下图角度虽跟中图保持一致，但视点过高，使得前、中、远建筑成台阶状，导致画面构图成斜对角状，并略显呆板。

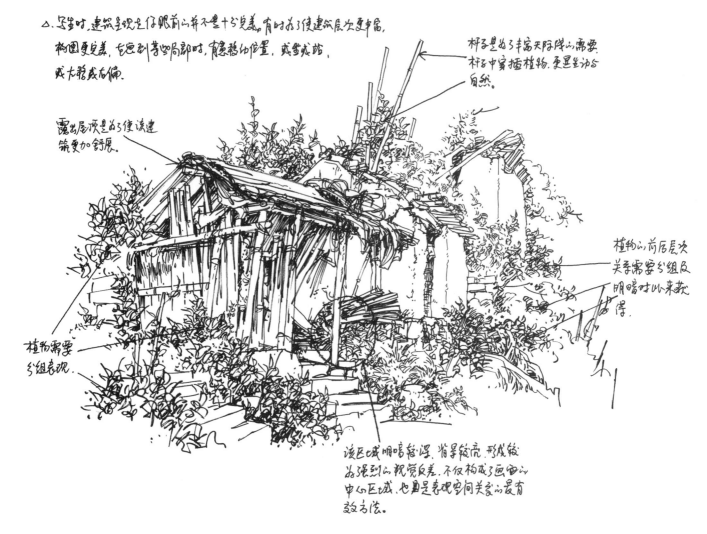

02 取景

◎ 钢笔画线条的组合应有一定的秩序感，线条不分主次会使画面显得凌乱无序。

△ 取景可以是大场景，也可以是小场景或是场景中的某一个局部。一般情况下，取景不应全搬照抄现实中的景物，需对其做取舍。过于真实还原的场景的画面往往难以打动观者，该图就是如此。

△ 与上图相同的场景，取景时只取主体部分，舍弃杂乱的背景，并适当调整主体物的角度，使表现的画面更加平稳和纯粹。

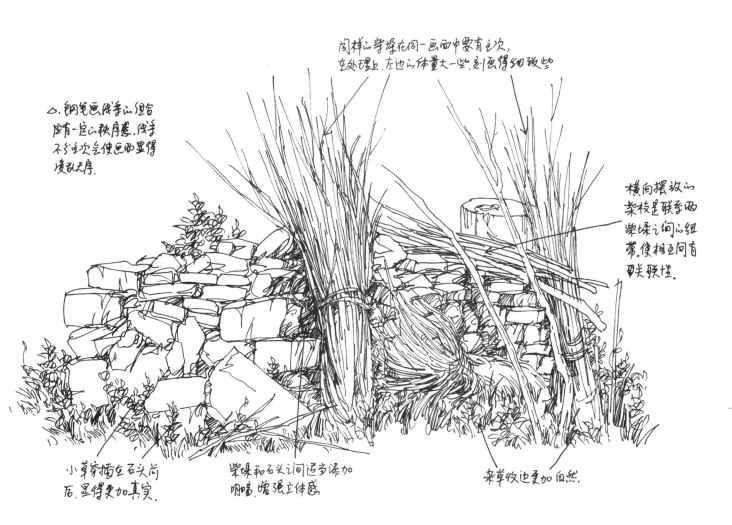

◎ 取景的目的不但要反映景物的本质特征，还要考虑到画面的构图问题。不宜选取使构图"空洞""呆板"的角度。

背景还可以再略简化

前景杂物体量略显偏大，削弱了主体。

△ 鸡舍为画面中的主体，取景可以是鸡舍及其所处的大环境中，也可以鸡舍为主略带小配景的构图。如果是表现大环境，不宜将主体以外的环境表现的过于复杂和深入。

杆子不仅使天际线更富于变化，而且构图上也可起到平衡的作用。

上下空白面积较恰适中，变形也较得当。

△ 该画面的取景相比上图就相对局部，写生中也是常见的一种方法。写生中，如果场景过于杂乱，削弱了主体，就可以采用提取主体（略带周边配景）的方法。如果场景不妨碍主体，也可采用略带场景的构图。

02 取景

◎ 选景，我也有自己的偏好，我喜欢画杂物和植物，但老房子及建筑构件等其他一些内容我也很感兴趣。

◎ 写生中如果把细节展现得很精细，说明景物的细节打动了我，简单勾画难以表达我对物象的喜爱；或是时间较为充裕，自然就画得精细了。

◎ 写生现场中，在你扫视整个场景时，"入画"的部分会"跳"出来，告诉你，画我吧！我想这应该就是一种经验吧。

△ 写生中如果把细节展现得很精细，说明景物的细节打动了我，简单勾画又难以表达我对物象的喜爱，也或是时间较为充裕，自然就画得精细了。

△ 选景，我也有自己的偏好，我喜欢画杂物和植物，但老房子及建筑构件等其他一些内容我也很感兴趣。

02 取景

△ 写生现场中，在你粗扫视整个场景时，"入画"的部分会"跳"出来，告诉你，画我吧！我想这应该就是一种经验吧。

◎ 从写生的角度，杂物不受空间、形体和透视的约束，无拘无束，用笔可以做到洒脱、自由，很是痛快。

◎ 写生过程中，有时也会出现画错、画得不准的情况，那就需要及时调整，但整个过程都在一种自然状态中完成。

◎ 画画是一件轻松愉快的事，特别是在无目的的状态下，画自己喜欢的题材和内容，心情很是舒畅，也很解压，所以我喜欢并经常画画。

△.画画是一件轻松愉快的事,特别是在无目的状态下,画自己喜欢的题材和内容,心情很是舒畅,也很解压,所以我喜欢并经常画画。

构图：

　　构图首先要确定主体建筑的位置，通常遵循三分法或黄金比例，使其位于视觉兴趣点。其次，注意前景、中景和背景的层次安排，利用引导线（如道路、栏杆）增强画面纵深感。同时，平衡画面元素，避免过于拥挤或空洞，运用留白以突出主体。最后，考虑光影分布和建筑细节，使画面既有整体感又富有细节表现力。

03
构图

◎ 运用艺术夸张的手法来强化建筑的整体形象或部分特征，对那些不利构图或可有可无的东西则进行减弱或舍弃。只有这样，视点才会更集中，主次对比才会更强烈，建筑特征才会更典型，主体形象才会更具视觉感染力。

◎ 右方三图是在同一空间中、从不同角度进行的观察。多个角度都很入画，都能满足构图的需求，只因现场写生的时间有限，经过反复的比较，最终选择了自己最感兴趣的角度进行写生。

03 构图

◎ 主体形象和空间层次作为构成画面的两大主要因素，需要写生时在构图上做出精心细致的安排：其一是主体形象的面积占有一定的比例，位置相对居中，使其形象突出；其二是近、中、远景的设置。画面的中心可以是近景，也可以是中景，相互衬托，远近呼应，使空间层次分明。

画面边缘的次要物体，其体量不宜过大，高度不宜过高

画面前景植物与主体的联系性不够。

留白面积较大，使整个画面缺乏稳定感。

△. 该构图虽有一定的空间感，但左下角的植物前景与建筑主体联系不够紧密，使画面略显松散，另外，画面右下角留有较大的空白面积，导致构图重心不稳。

天际线既整体又富有变化

将植物移向画面的中心，不仅同样表现出空间感，同时也使画面显得更加紧凑和整体。

留白面积得当。

△. 该构图画面紧凑，主体建筑物的体量在画面中所占的面积适中，较好地表现了建筑的空间和场景。

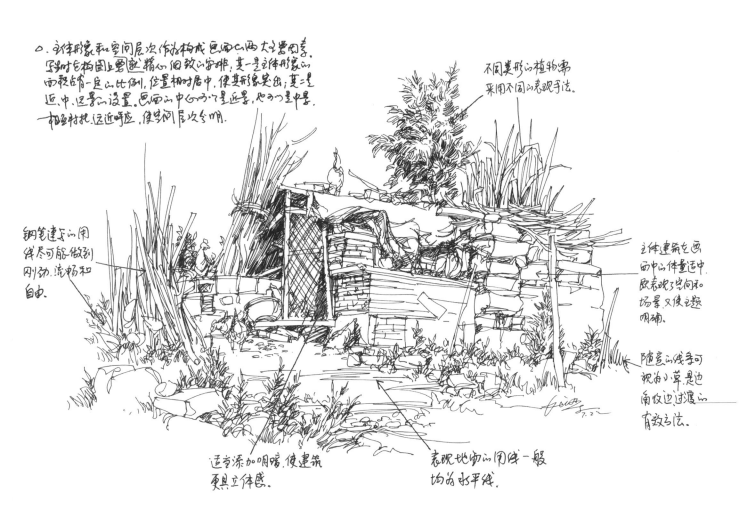

◎ 构图就是把众多的视觉元素，在画面中有机地组合在一起，形成既对比又统一的视觉平衡。一幅画的成功与否，首先取决于画面的构图形式。

◎ 构图要能充分体现出作画者对景物的感受，表现出对象特定的气氛，不同的构图形式给人以不同的视觉感受。

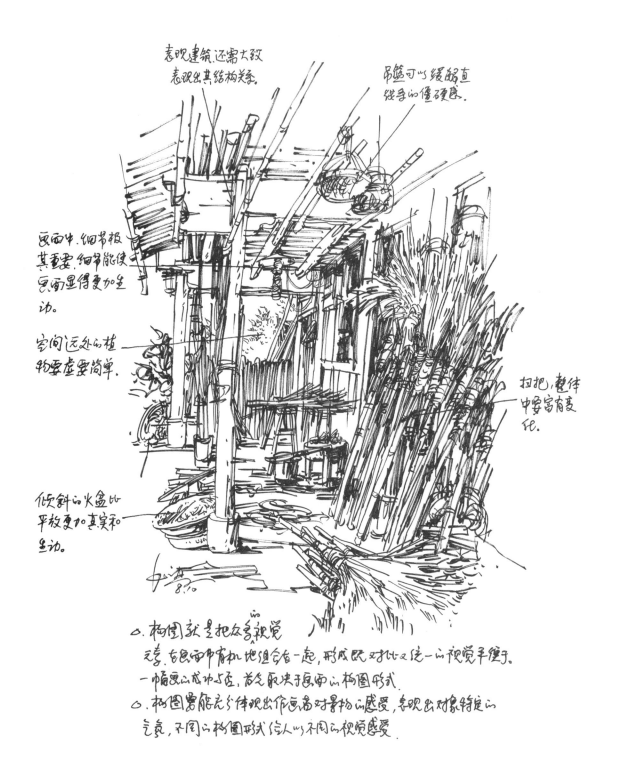

◎ 本页两图是横构图和竖构图的比较，横构图更加舒展，竖构图景深感更强，各有利弊，作者在写生过程中可根据具体场景及自身所需进行选择。

△ 构图首先要确定画幅横向还是纵向，一般来讲，横向的构图更加舒展，纵向的则景深感更强。该构图相比下边的纵向构图便是更加舒展。

△ 该构图相比上方的横构图，更具纵深感。可见横竖构图各有利弊，需根据具体的景物来决定。

◎ 写生时，作画者要对形体结构有透彻的理解，才能够使线条和用笔肯定有力，准确地表达对象。

◎ 写生构图时，有时根据画面的需要添加物体，使画面获得视觉上的均衡感。

◎ 钢笔画的明暗构图，对于画面重点的形成、气氛的表达等都有重要的作用。

◎ 主体刻画舍去了较多的结构细节，更具整体感。

竹杆与屋脊高度过于一致，如果将建筑压低，会增强画面的空间感。

草丛和地面的也显整齐，稍显呆板。

地面太空，可适当添加石板或杂草等相关的内容。

△ 该画面视点较高，使得地面留有大面积的空白，从构图角度来讲就显得太空，使得导致画面重心不够稳定。

天空面积相对较小，背景缺少远山等层次。

竹竿在画面中对构图产生影响，写生中可删除或做处理。

该区域面积与主体建筑略显接近，可将其放大或缩小，以便拉开距离。

△ 该画面的建筑大小适中，前后空间关系明了，视点得当，不足之处在于天空面积留的相对较少，使画面略显局促。

夏克梁建筑场景写生手记

◎ 小场景的表达，给人以亲切感。

◎ 写生是每位作者情感的自然流露，跟个人的阅历、绘画能力和习惯、审美情趣等都有关系，无需刻意采用怎样的一种手法。

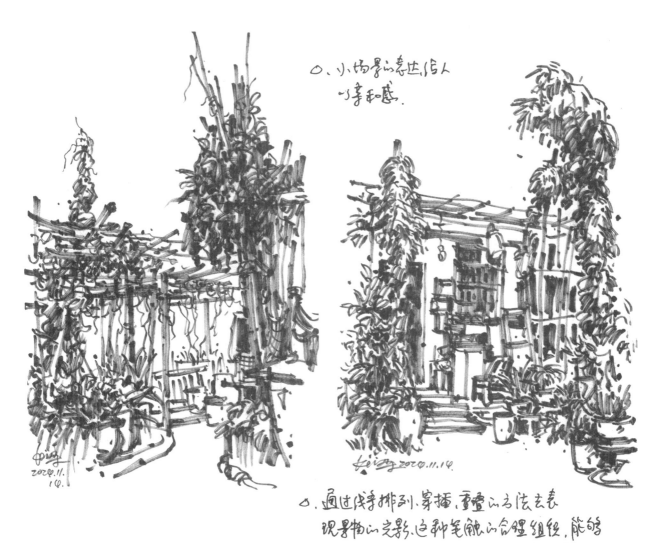

◎ 画面的视觉稳定感在很大程度上取决于构图的均衡。

◎ 画面的构图布局要均衡，但均衡不等同于平衡，更不是平均。

◎ 画瓦片（或其它相关物体）时要注意表现其特征，画出瓦楞的结构线，从前面至后面有序地递减。这样所表现的画面整体感强，前后的虚实关系明显。

△. 画巷片（或其它相关物体时）时要注意表现其特征，画出屋檐的结构线，从前面至后面有序地递减，所表现的画面整体感强，前后的虚实关系明显。

◎ 主体在画面中一般只有一个，是视觉中心，往往由某一建筑物、建筑的局部或多个物体有机地组合在一起。主体在画面中起主导作用，相比配景刻画要深入、完整，其在画面中的安排要合理，不宜置于画面最中心的位置，也不要太偏，而是置于中心附近。

◎ 云南的景迈山有很多原生态的少数民族的老寨子，很具地域特色，可惜行程紧凑，现场只能做简单的记录，回来后趁着激情还在，加上最近手感较好，所以再画了一些。

◎ 老屋成为了我特别感兴趣的主题之一，希望通过我的画作，让这些老屋的样貌能够被更多人了解和记住，从而流传得更久、更远。

0. 云南的景迈山有很多原生态的少数民族的寨子,很具地域特色,可惜行程紧凑,
   现场只能做简单的记录,回来后趁着激情还在,加上最近手感较好,
   所以再画了一些。

0. 房屋成了我特别感兴趣的主题之一,希望通过我的画作,
   让这些房屋的样貌能够被更多人了解和记住,从
   而流传得更久、更远。

◎ 写生时，通过观察，首先要确定主体，然后在画面做有意的构图安排。

◎ 不讲究构图等于放弃了对画面的艺术处理，成了纯粹的记录式写生。主体与陪衬部分的面积大小，或是高低错落，应有所区别，以免主体被消解，尤其不可出现主体与陪衬一比一的对等局面。

◎ 坚持画完很重要，训练中哪怕出现失误的地方，也不要放弃，画完你就会有收获。因此我的速写本中从来不会出现画了一半而放弃的页面。

03 构图

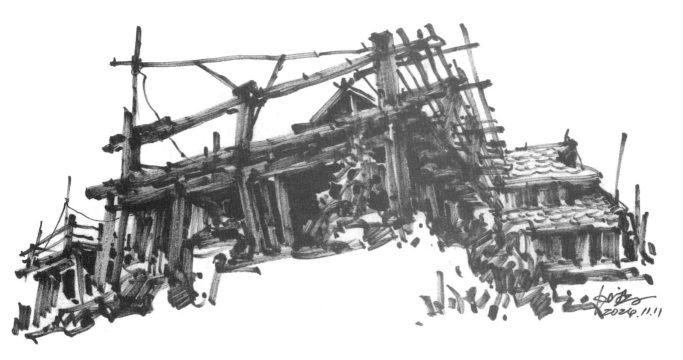

0.写生时,通过观察,首先要确定主体,然后在画面做框架的构图安排,主体与陪衬部分的面积大小,或是高低错落,左右有所区别,以免主体被消解,尤其不要出现主体与陪衬一比一的呆板局面。

表现：

　　在建筑场景写生中，硬笔的常用工具有：钢笔、针管笔、美术笔等，表现方法则有线条勾勒法、快速表现法、明暗辅设法等。线条勾勒法中注重线条的精准性和疏密变化；快速表现法中注重线条的随意性及画面的整体感；明暗辅设法中注重光影的变化及空间层次感。无论采用哪种方法，画面都要强调、突出建筑主体，并营造场景氛围。

04
表现

● 线描画法

◎ 钢笔线描画法要求作画者能从复杂的客观对象中提炼出最能表达结构的线条，以最明确的手法表现出物体的比例、结构、透视关系和造型特征。

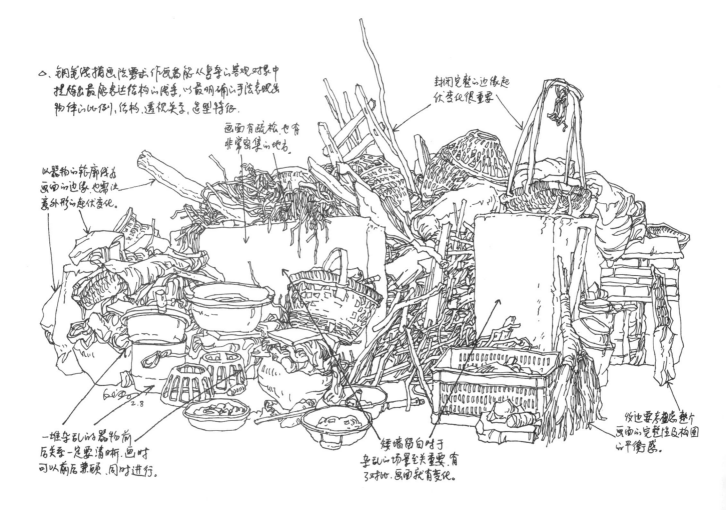

△该图的构图过于饱满，显得有些局促。左下角前景物体与主体缺少联系，使画面略显松散。构图上重心往左下角倾斜，使画面失去平衡感。

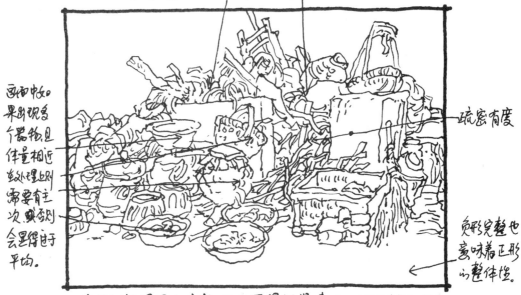

△该图的构图适中、完整，画面显得很紧凑，"天际线"注重起伏变化且整体有序。

◎ 线描画法是一种高度概括的画法，排除光影明暗的干扰，画出建筑或物体主要的轮廓结构线，依靠线条的疏密组合表达建筑的空间层次。

◎ 表现景物的空间关系还可通过透视学的原理，按照近大远小的基本规律，体现或强调景物的空间关系就容易得多。

04 表现·线描画法

山可以连接台阶两旁的建筑,使画面更加紧凑。

墙面留白,可以使画面产生疏密对比,但需控制好留白的面积,不宜过大或过小,要适中。

△ 线条随性,表现空间的大关系,但这里所指的同一手法表现主要是指较为严谨的表现手法。

石头墙上的窗户是很生硬的,不应客观地再现,需要做主观的加减。

△ 线条肯定,表现建筑的空间与结构,但需注意透视要准确,疏密关系要得当。

△ 线描画法是一种高度概括的画法,排除光影明暗的干扰,回到建筑或物体的轮廓线本质,依靠线条的疏密组合表达建筑的空间层次。

△ 表现景物的空间关系可以通过透视学的原理,按照近大远小的事物规律,体现或强调景物的空间关系就容易上手。

◎ 线的疏密安排直接影响着作品的审美感受。线的疏密原理如同音乐、文学一般，应有高低起伏、紧凑松弛，要遵循对立统一的法则。

◎ 民居中的木柱子，画时略带弯曲状，反而增强了古建筑的朴拙感。

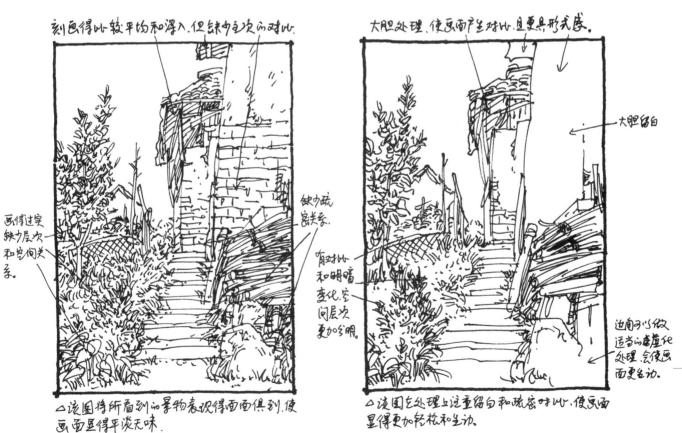

◎ 线描画法要求抓住形体的主要特征，运用精练、质朴的线条，作简洁有力的勾画，不需用华丽的明暗修饰，却能达到情景交融、鲜明生动的表达效果。

◎ 虽是简单的线条，通过物体形体的重叠，同样能表达出空间感。

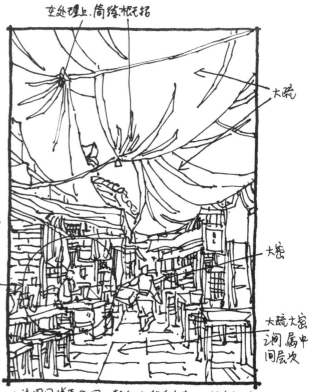

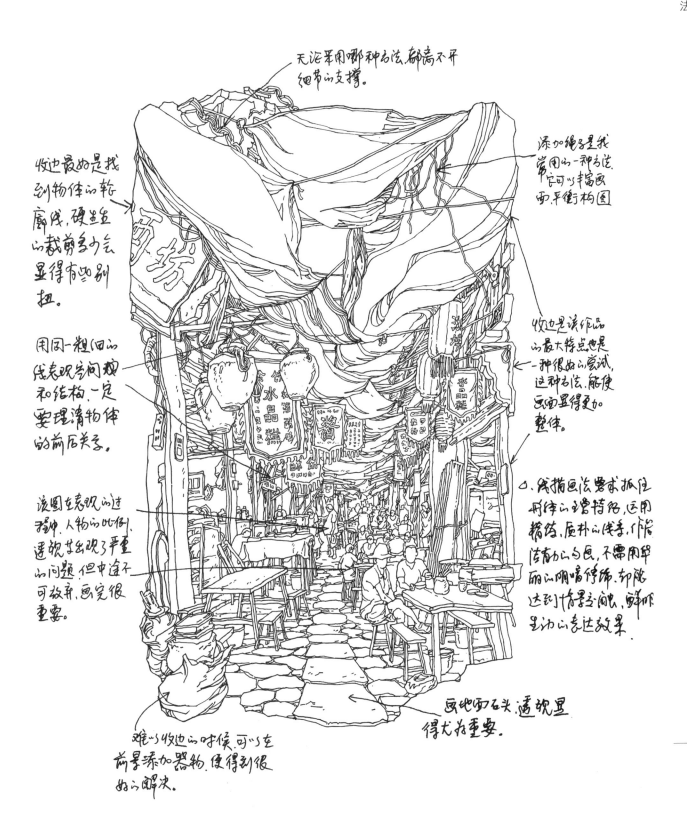

◎ 钢笔线描画法，往往仅用一支笔进行描绘。写生时，有时以线条的穿插与组合，重点刻画主要物体，舍弃次要部位一些繁琐的细节和复杂的层次，以略具抽象的形式，主观地表现画面的主次物象。

◎ 钢笔速写的线条要"画"，忌"描"。一条线如没画准，可重复再来，描出来的线条是没有表现力的。

△ 该图景深相对较深，使得天空和地面的空缺画积较大，加上前后物体描绘得面面俱到，使画面的整体感相对较弱。

△ 该图景深相对较浅，画面构图饱满，加上左边与右下角的前景以轮廓线的形式表现，画面显得更加整体。

04 表现·线描画法

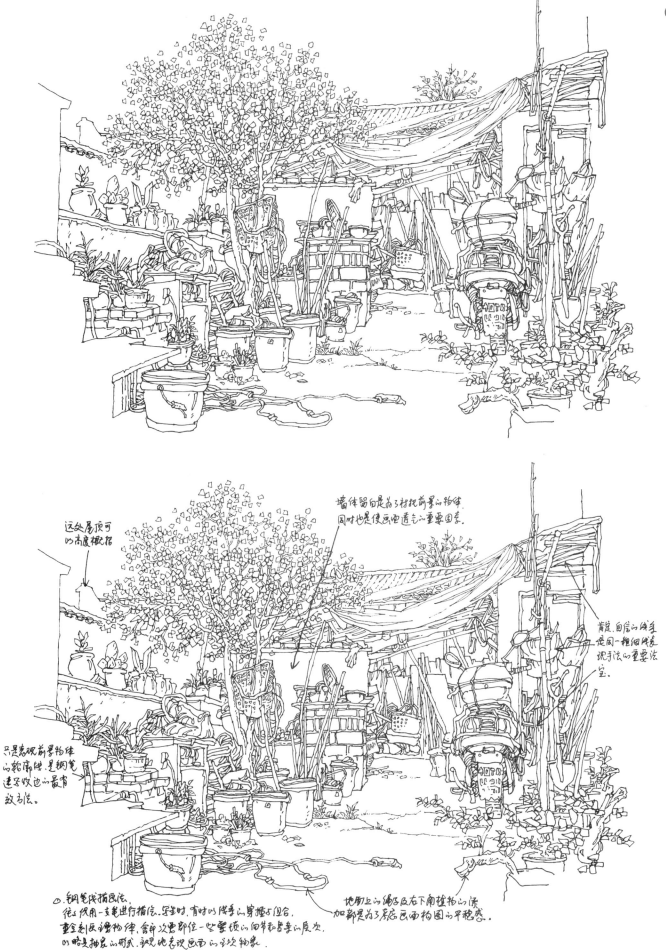

085

◎ 线描画法是用线条清晰地表现建筑的透视、比例、结构，是研究建筑形体和结构的有效法。这种画法在造型上有一定的难度，容易使画面走向空洞与平淡，完全要依靠线条在画面中的合理组织与穿插对比来表现建筑的空间关系和主次的虚实关系。

◎ 坚硬、明确、流畅是钢笔线条的主要特点，画面中要充分体现。

◎ 线描画法中，乱线的运用很容易控制景物的收放关系，使画面显得生动活泼。

◎ 线的粗细虚实，疏密组合，不仅能体现一定的空间距离，还能体现景物的明暗。这也是通过线条在表现景物时，对空间距离和明暗的提炼与概括。

04 表现·线描画法

空间所处的暗部,不一定要表现的很重,也可以采用疏的方法。

空间的层次感需要通过线条的疏密对比来形成。

△ 同一粗细的线条表现画面时,需要通过线条的疏密组织形成对比,形成空间的主次和前后关系。这是一种较为常见的表现形式。

远处采用更加纤细的线条。

远近采用粗细不同的线条容易表现其前后空间关系。

空间所处的暗部也可通过近疏远密的方法,形成明暗渐变,表现出其纵深感。

近处可以采用较为粗犷的线条。

△ 如果采用不同粗细的线条混合表现空间,方法尽管如上图,但所表现的画面更富有变化,空间层次感也更显丰富。

◎ 写生中的很多场景，有的我去过多次，但每一次对我都是一种新的感受，都有不一样的收获。

◎ 画面要注意节奏的变化，节奏变化可以通过线条的浓淡、粗细、曲直、长短等组成，同时，形体的轮廓线也是构成画面节奏感的重要因素。

◎ 写生所采用的工具和方法跟写生的对象、环境、天气等因素都有关，如果是工作、旅行式的写生，我就不带太大的本子，采用开本较小的手帐本，工具则以便捷的签字笔、秀丽笔、艺线笔等为主。

○ 写生中的很多场景，有的我去过多次，但每一次对我都是一种新的感受，都有不一样的收获。行程中，有时因时间安排较紧，我会随身携带手帐本，随手记录感兴趣的内容。

○ 画面要注意节奏的变化，节奏变化可以通过线条的浓淡、粗细、曲直、长短等组成，同时，形体的轮廓线也是构成画面节奏感的重要因素。

△ 写生所采用的工具和方法跟写生的对象、环境、天气及用妻都有关，如果是工作旅行式的写生，我就不带太大的本子，采用开本较小的手帐本，工具则以使用便捷的签字笔、秀丽笔、艺线笔为主。

◎ 运用粗细一致的线条，画面感觉相对单调呆板，而运用粗细轻重变化的线条，在同一画面中的相互穿插和组合，则产生生动活泼的画面效果，建筑形态也有明显的立体空间感。

◎ 物体的转折（即明暗交界线）处，采用粗笔，更容易塑造形体。

◎ 物体位置的远近，形体的大小，也是表达空间感的有效方法。

04 表现·线描画法

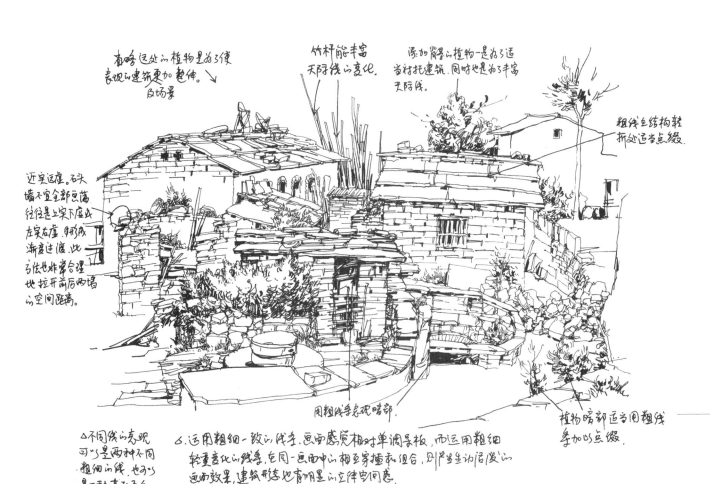

◎ 强化线条粗细对比，剔去无关紧要的中间层次。粗细线条的合理布局往往使画面显得精练、概括，赋予作品很强的视觉冲击和整体感。

◎ 肯定有力的线条，会使画面显得更加轻松，潇洒。

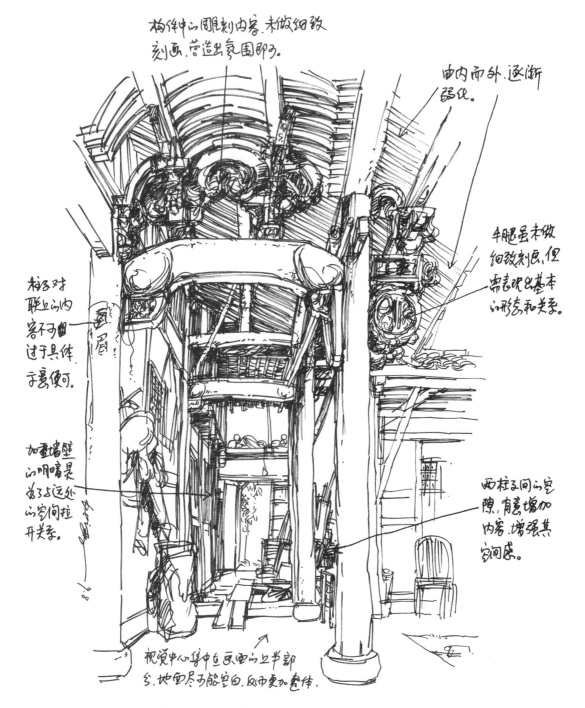

04 表现·线描画法

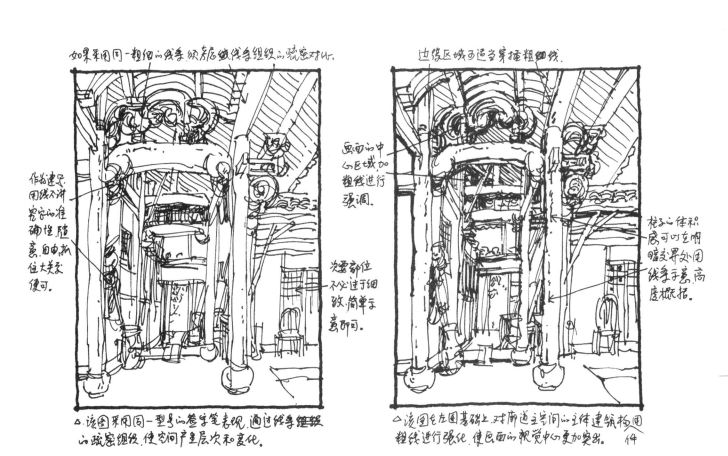

△ 该图采用同一型号的签字笔表现,通过线条疏密的组织,使空间产生层次和变化。

△ 该图在左图基础上,对廊道主空间的主体建筑构图粗线进行强化,使画面的视觉中心更加突出。

● **明暗画法**

◎ 钢笔画以作画的时间和风格可划分为慢写和速写，以明暗布满画面的慢写，通过精心绘制具有强烈的艺术感染力。

◎ 钢笔画中通过线条排列、穿插重叠的方法去表现画面的色度与明暗关系。这种笔触的合理组织，能够表现物体的光影、体积和空间层次，使钢笔画获得视觉上完整的素描关系。

◎ 黑白布局是钢笔明暗画法的画面所要追求的一大艺术特色，合理的黑白处理会使画面具有较强的视觉冲击力。

◎ 投影对强调体量、空间关系起着很有效的作用。

◎ 区分两形体的最有效方法是强调某一形体的明暗。

04
表现·明暗画法

空间的转折处需要强调其明暗关系。

植物和墙体的空间关系明了，采用的就是大体块明暗互衬的手法。

台阶和石墙的交界处可以是台阶暗石墙亮，亦或是台阶亮石墙暗。

前中景的体块大关系略显含糊。

△ 该图明暗大关系清晰合理，使表现的画面具有明显的空间层次和较强的景深感。

近景适当添加枝叶，增强画面的空间感，同时也强化了拱门形的构图形式。

植物和墙体的关系略显得较为含糊，表现其空间关系的最好办法如同左图，即前者暗，后为亮。

墙体转折处需要区分其明暗大关系。

此处前中景的空间关系相比左图显得更加合理。

△ 该图相比左图，在明暗关系的处理上，未形成大体块明暗互衬的手法，导致画面整体关系略显混乱，未能很好地表现出画面的空间层次关系。

099

◎ 明暗画法中，可以通过线条排列的密集程度来控制明暗的变化，常以密集线条表现暗部，稀疏线条表现亮部，通过疏密变化增强对比。

◎ 明暗画法中，也可通过粗细线条区分画面的层次，一般粗线条用于暗部，细线条用于亮部，粗细变化可提升画面的立体感。

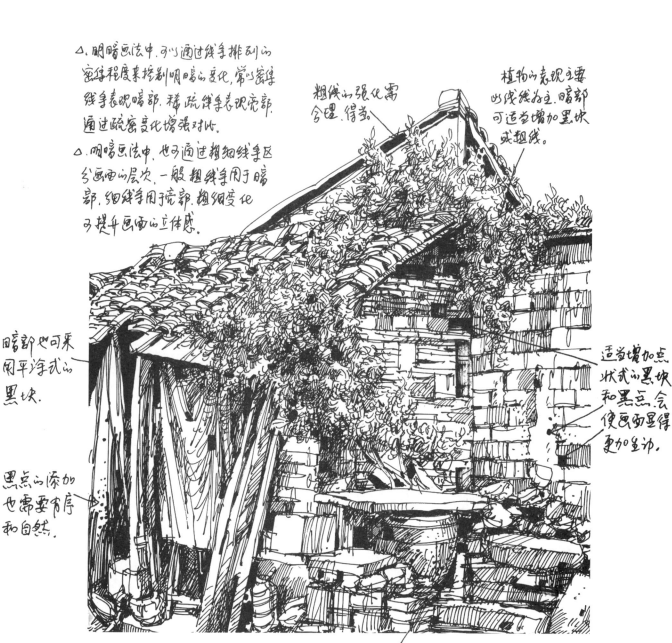

04
表现·明暗画法

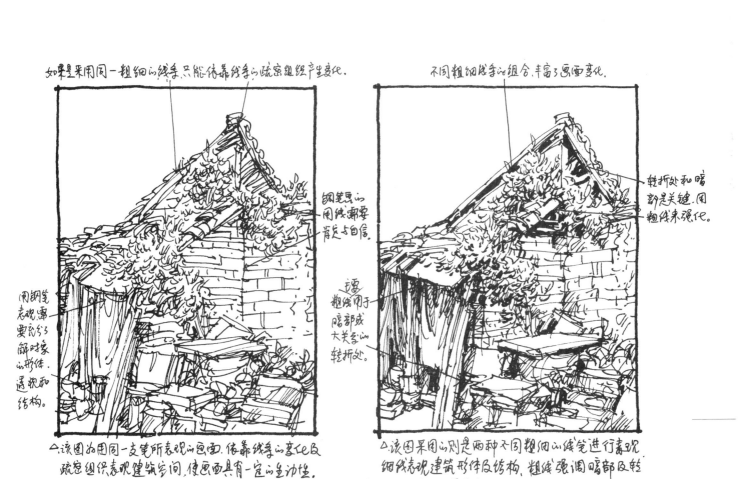

如果是采用同一粗细的线条,只能依靠线条的疏密组织产生变化。

不同粗细线条的组合,丰富了画面变化。

钢笔画的用线需要肯定与自信。

转折处和暗部都是关键,用粗线来强化。

用钢笔表现需要较多了解对象的形体、透视和结构。

粗线用于暗部成大关系的转折处。

△ 该图为用同一支笔所表现的画面,依靠线条的变化及疏密组织表现建筑空间,使画具有一定的生动性。

△ 该图采用的则是两种不同粗细的线笔进行表现,细线表现建筑形体及结构,粗线强调暗部及转折处,使画面更富有变化。

◎ 钢笔明暗画法可以强化建筑的形体块面意识，培养对空间层次虚实关系及光影的表现能力，以此强化对画面黑白构成的组合经验。

◎ 以"暗"为主调的明暗式钢笔画，画面中小面积的留白处，可形成强烈的视觉对比，成为画面的焦点。

边界的处理很重要。

追求一种具有形式感的构图，所以留白的面积并不是均衡平稳的。

△ 该图运笔随意、洒脱，使表现的画面轻松自然，但只是在界面的交界处施以简单的明暗，所以其空间体积感并不是很强。

明暗表现需要从大关系出发，屋面始终处于亮部，墙面则是上暗（阴影）下亮（反光或受光）。

空间深处不但要有内容，而且要有层次。

△ 该图在左上图基础上，加强了明暗对比关系，明显可能感受到其空间体积关系要增强许多。

04 表现·明暗画法

◎ 建筑画中，中景往往是重点所在，是画面的主题，或称趣味中心。写生时，应着重描绘，一般明暗对比强烈，细部结构明显，材料纹理清晰，具有较强的体积感。

◎ 近景的主要作用可使画面增加空间层次，起衬托的作用，所以在描绘时，近景中的物体可能是一个整体，也可能是局部。

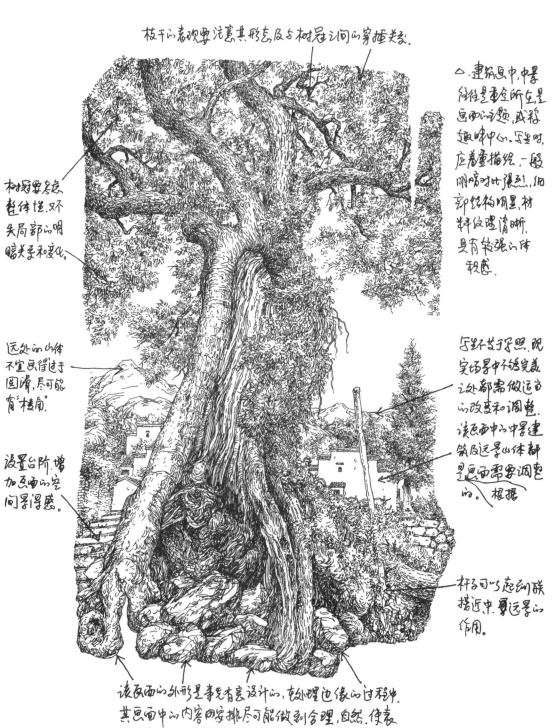

04
表现·明暗画法

树干和树冠部分,首先要遵循明暗大关系,其次局部明暗也要有区材。

前后明暗关系对比强烈,较好地拉开空间关系。

明暗表现离不开光影,一张画中需注意光源的统一性。

△ 该图明暗关系表现得较为充分,主体大树的体积感较强。同时,图通过明暗对比来强化画面的视觉中心。

缺少明暗对比关系,前后空间关系显得较为平淡。

建筑形状由背景植物的明暗来衬托。

如果采用明暗表现的手法,画面中的背景也可以留白,但需注意虚实,画面的形式感要保持一致整体。

△ 该图相比左图,明暗对比关系较弱,导致画面显得较平淡,也未能很好地表现出空间的前后关系。

◎ 表现物体间的前后空间关系时只要明暗关系合理、相互衬托并赋予次序，就很容易获得合理的空间关系。

◎ 钢笔画的概念已不仅仅局限在以钢笔、签字笔等工具所表现的画面，而是已经拓展到圆珠笔、记号笔、宽头笔、软性尖头笔、马克笔（黑色）等等为工具所表现的画面。只要敢于尝试和探索，不难发现有些工具有极强的表现力，为拓展钢笔画的艺术效果带来了更大的可能，也使钢笔画的表现语言更加丰富多彩。

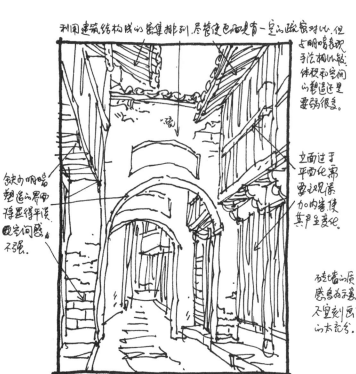

△ 该图透视关系准确，结构相对严谨，具有一定的空间感，但画面总体显得较为平淡。

△ 该图在左图的基础上适当增加明暗，明显比左图更具空间感。可见，明暗的添加对空间的塑造起到一定的辅助作用。

04 表现·明暗画法

◎ 用明暗画法绘制钢笔画时，不强调表现形体结构的"线"，更注重的是表现形体空间的面。

◎ 用明暗画法作画，画面的光影变化自然，明暗过渡细腻，所表达的景物富有层次感和空间感。

◎ 以明暗的表现形式，加强对物体体量的理解、认识和表现力度，强化画面的视觉效果。

◎ 在时间特别紧张的情况下，我会用签字笔（或秀丽笔）做最快速的记录。如果时间相对宽裕并且写生对象的色彩打动我，或者用钢笔线条难以表达感受，我会选择涂些颜色。

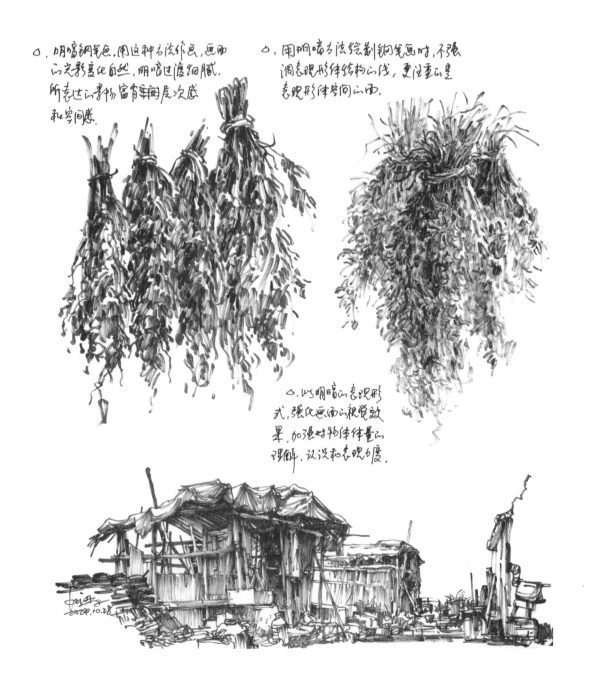

△ 在时间特别紧张的情况下，我会用签字笔（或素描笔）做最快速的记录。如果时间相对宽裕并且写生对象的色彩打动我或者用钢笔线条难以表达感受，我会选择涂些颜色。

◎ 乱线在钢笔画中运用得较为广泛，涂鸦式的线条虽看似捉摸不定，给人一种轻松自由、蓬松柔软的感觉，但仍然隐含着对明暗和形体结构的交代，它有着自己的运动节奏和统一性，画面给人以整体感。

◎ 写生面对的是自然，自然界中的一切都是有生命的，一切也如同生活一样具有节奏感、张弛有度，画面的处理也是如此。

△ 写生面对的是自然，自然界中的一切都是有生命的，一切也如同生活一样具有节奏感，张弛有度，画面的处理也是如此。

04 表现·明暗画法

◎ 以线条排列组合体现明暗层次的画法可表现建筑和物体的空间体量感和层次感，其往往是在透视关系准确、比例结构严谨的骨架基础上，赋予合理的明暗关系。

◎ 明暗画法中，乱线的运用很容易控制景物的收放关系，使画面显得生动活泼。

◎ 我的作品大多来自于自然和生活，以现场写生为创作表达方式，但写生并不是对物象的客观描摹，而是来自内心对生活的一种感悟。

● 综合画法

◎ 在以线条为主结合明暗的综合画法中，可用线条描绘形体结构，用明暗表达空间层次。尽管用线加明暗来组织画面，比用明暗和色彩来表达空间层次所受到的局限要多些，但是线条加明暗同样是极富有表现力的，所表现的画面往往具有一定的韵律和节奏。

◎ 写生时，因情景而异，心境感受不同，表现的形式也随之改变，但目的都是为了表现建筑的神韵或风采。

◎ 钢笔写生的表现形式多种多样，画面展示的艺术效果是作画者精神的体现。地域、场所和建筑形态的不同，也使作画者产生不同的意识和感受，从而导致表现的画面形式也不同。

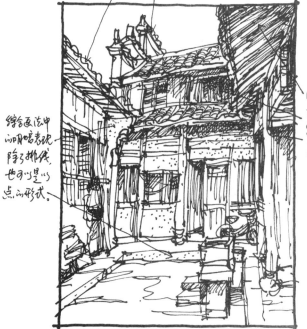

△ 线条表现建筑空间的结构，适当在暗部施加明暗，使建筑或场景更具空间感，是综合表现手法最常见的表现手法。

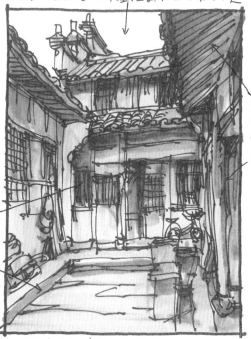

△ 综合表现不一定局限于线笔，线笔+水墨、线笔+马克笔、线笔+……都是很好的尝试。

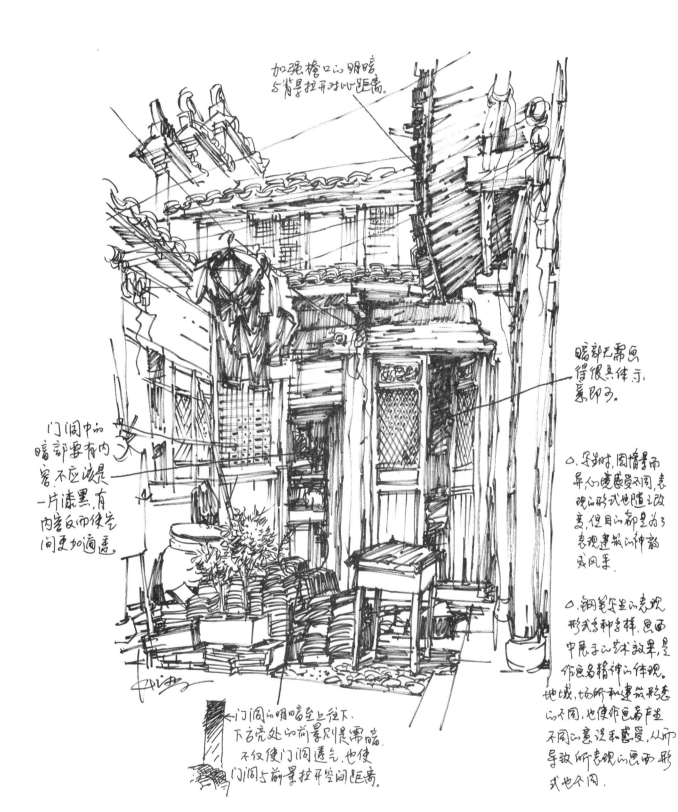

◎ 写生时，有时根据建筑的形态特征和所在位置的透视特点，适当地夸张或削弱透视线，得当地处理虚实、强弱等对比关系，能使建筑特征更加明显，视觉中心更加突出，画面层次更加分明。

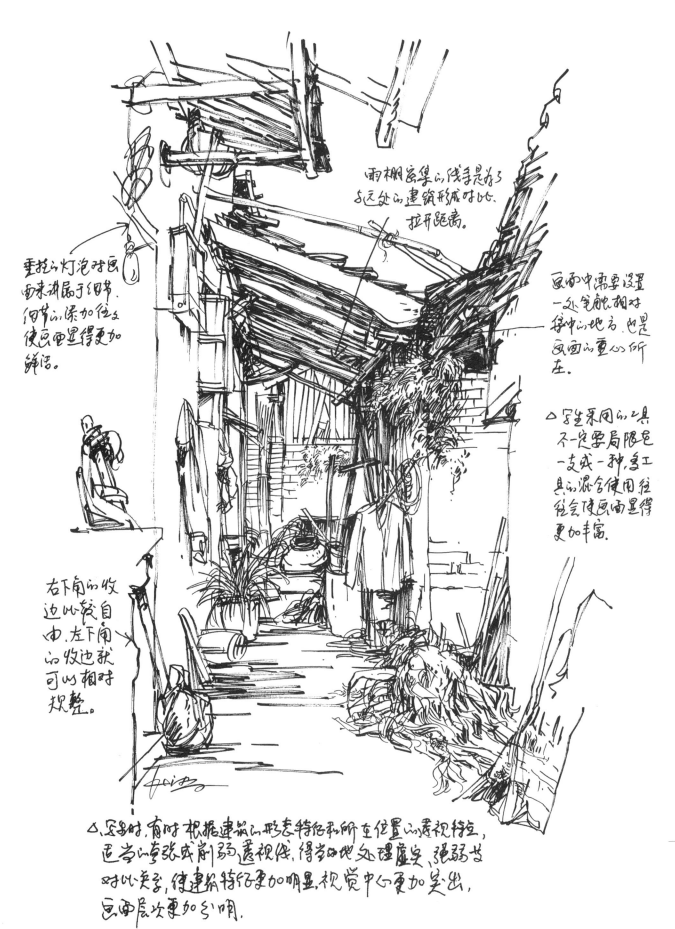

04 表现·综合画法

◎ 在钢笔写生中，对眼前的自然景物不要"全盘真实化"，要从画面整体的需要出发，有所取舍，有所夸张或有所减弱，这样才能使所要表达的形象更加突出。如果只是客观地表现而不重视主观感受的话，就很可能使画面成为一般的记录式资料，而失去艺术的表现力。

远处建筑须简单概括

栅栏穿插远处可采用虚线来表现

植物暗部排线，增加其体积感。

△ 该图以棕榈树为主体，采用型号为0.4㎜签字笔为工具，通过线条的层级表现出画面的空间及主次。

主体植物暗部可用粗线来塑造

近处植物可采用粗线与远处建筑拉开距离。

暗部可适当增加粗线。

△ 该图采用的是型号为0.4+1.0㎜签字笔为工具，绘制过程中用1.0㎜签字笔表现暗部，增强其体积感。相比上图，该图更富有变化，主体更突出。

棕榈树叶处

◎ 根据建筑空间的结构和特点，合理地运用笔触会给人一种真实亲切的感觉。

◎ 写生时，应做到用笔肯定、大胆、细致，画面轻松豪放，却不失整体感。

◎ 采用以线条为主略加明暗的钢笔综合画法，一定要强调物体主要部分的明暗交界线。

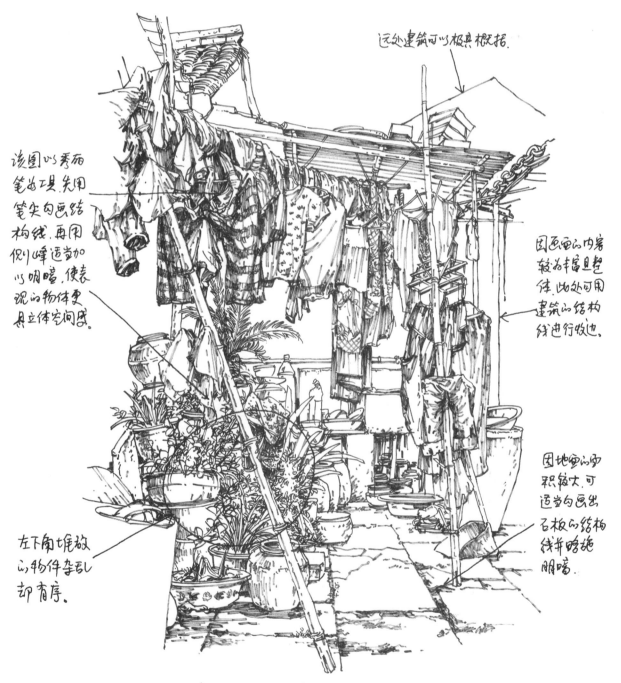

△.综合表现是指同一画面中手法的多样性或是多材料的相互结合。一切绘画以画面效果为目的,但也需把握得当,以免画面显得凌乱。

△.综合表现是指同一画面中手法的多样性或是多材料的相互结合。一切绘画以画面效果为目的,但也需把握得当,以免画面显得凌乱。

◎ 以线为主、适当结合面的钢笔画，用线条来强调物象的形体结构，面做适当点缀和强调，可使得物象的轮廓特征明显，空间层次分明。

夏克梁建筑场景写生手记

04 表现·综合画法

◎ 钢笔综合画法中，以钢笔线条为基础，施以简单的水墨渲染，是对画面的一种补充，也丰富了空间层次，活跃了画面的氛围，从而获得一种特殊的效果。

◎ 钢笔写生不止是对景物的简单描摹，也需要更多的思考、摸索和实验。

0. 钢笔综合画法中，以钢笔线手稿基础上，施以简单的水墨渲染，是对画面的一种补充，也丰富了空间层次，活跃了画面的氛围，从而获得一种特殊的效果。

◎ 绘制钢笔画时，用笔应力求做到肯定、有力、流畅、自由。钢笔画是以线条形式描绘对象，线条除了具有表现建筑的形体轮廓及结构外，还可表现出如力量、轻松、凝重、飘逸等美感特征。

◎ 我在行画中常以钢笔、秀丽笔等为工具，采用客观描摹、记录的手法，作品的内容涵盖了传统的民居、杂物以及风景植物等。

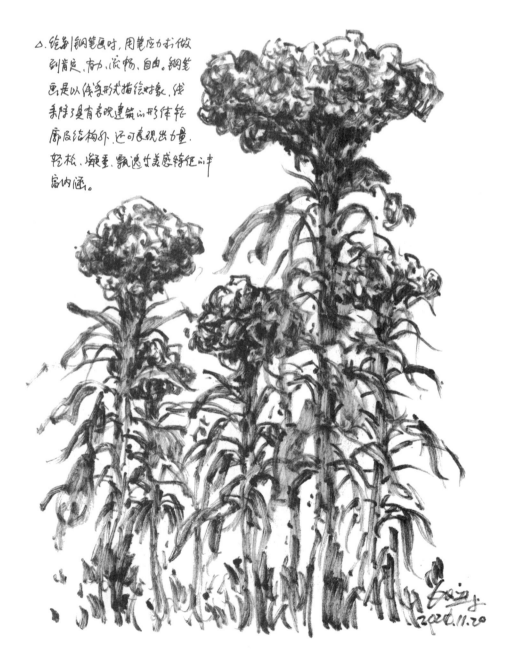

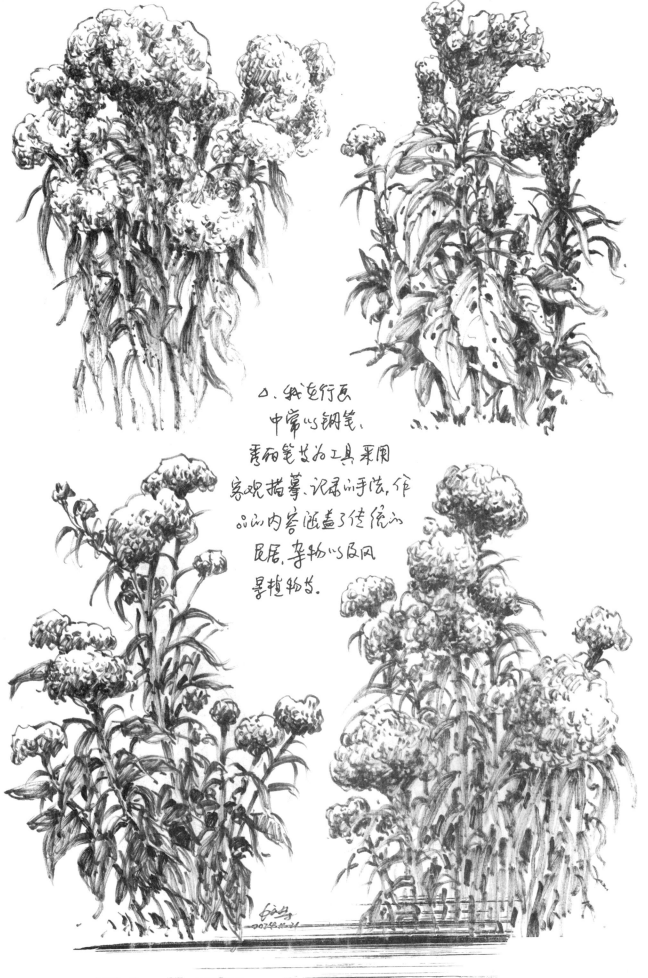

◎ 画面的物体不应孤立地存在，而是需要线条（代表某一物体）将其连接在一起，使画面显得更加紧凑。如果加强其紧凑性，画面所表现的建筑或物体将显得更有整体感，并具张力。

◎ 单一独立的线条没有方向性，但当线条运用到具体的物体中时，线条将体现出来方向性。应尽量根据物体的结构及透视方向用笔，以便更好地塑造物体。

◎ 长期的写生可以练就作者独特的视角、敏锐的观察力，以及对风景建筑的理解和感受。

◎ 写生能让作者有更多的时间去体验古民居的神韵和风采，感受岁月的流逝和变迁、体会历史的沧桑和无奈、思考古建筑的今天和明天。

△. 画面的物体不应孤立地存在,而是需要线条(代表某一物体)将其连接在一起,使画面显得更加紧凑。如果加强其紧凑性,画面所表现的建筑或物体将显得更加整体,并具张力。

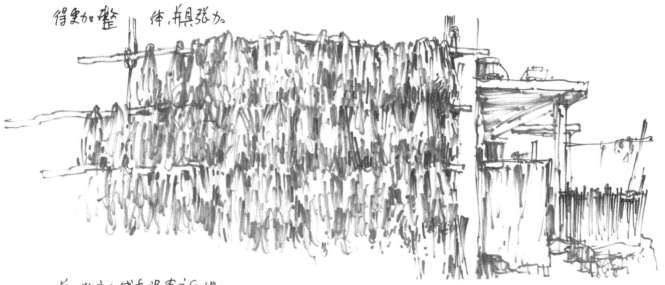

△. 单一独立的线条没有方向性,
但当线条运用到具体的物体中时,线条的方向性起到了一定的作用。应尽量根据物体的结构及透视方向进行用笔,以便更好地塑造物体。

◎ 画画是一件很感性的事。看到感兴趣的场景，我一般很少在脑子中过多考虑怎么布局，都是直接就下笔，下笔时肯定、自信、不刻意。

◎ 写生中，不但应逐步培养取舍、概括和表达能力，同时还要培养自己对物象的理解和消化能力，提高对艺术和空间的形象思维能力。

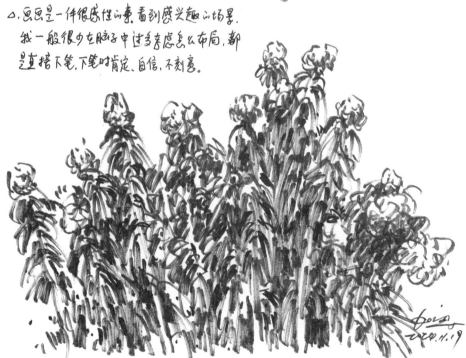

04 表现·综合画法

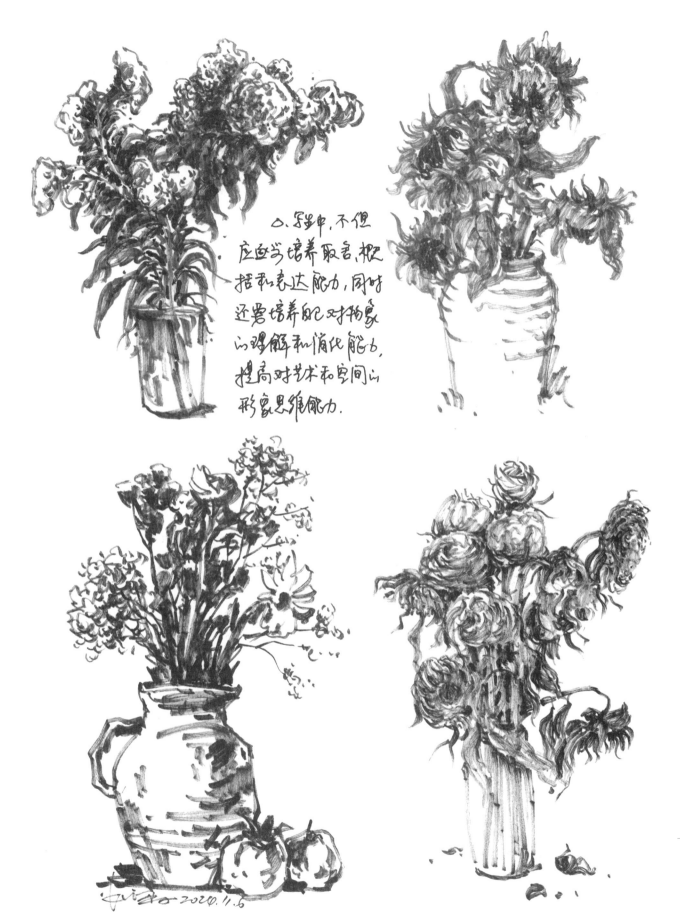

◎ 钢笔画综合画法，以线条勾勒物象的轮廓结构线，而表现明暗时，常常将复杂的明暗关系进行概括，归纳成简单的体块。简化的形体在光源的照射下，会产生清晰的明暗交界线，也就区分出受光面与背光面。借助这种明暗变化，可以轻而易举地捕捉到物体的立体感。

◎ 当主体处于亮面时，有时需局部加深背景来衬托，反之亦然。

◎ 钢笔写生是一种真实情感的抒发，寄托着作者对大自然的神往，在看似漫不经心之中隐藏着独特的韵律之美。

04 表现·综合画法

● 快速画法

◎ 钢笔快速画法，其画面中的线条往往飘逸潇洒、随意、流畅，表现的趣味性强，虽寥寥数笔而不失建筑和风景的神韵，具有挥毫落笔、一气呵成的气势。

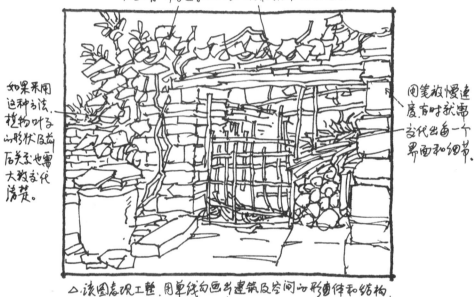

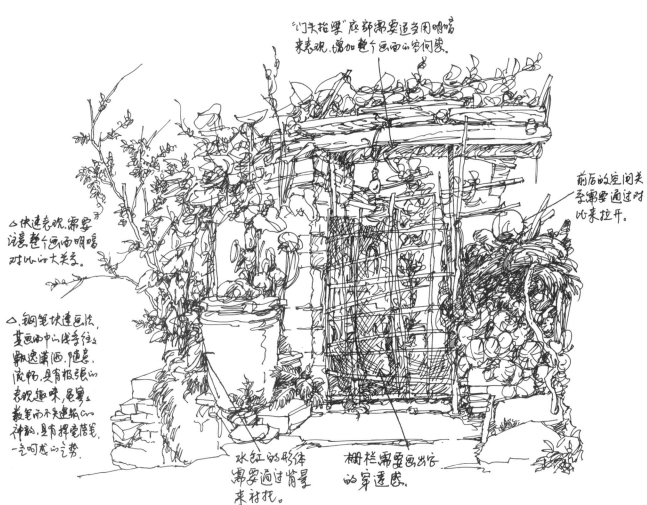

夏克梁建筑场景写生手记

04 表现·快速画法

◎ 钢笔快速画法是一种形象的视觉笔记，可以迅速地捕捉形象，可以活跃设计思维。它表现成图迅速，有利于提高设计师的方案能力。

◎ 钢笔快速画法的训练还可以培养我们观察事物的能力和用艺术形式概括地表现事物的能力。

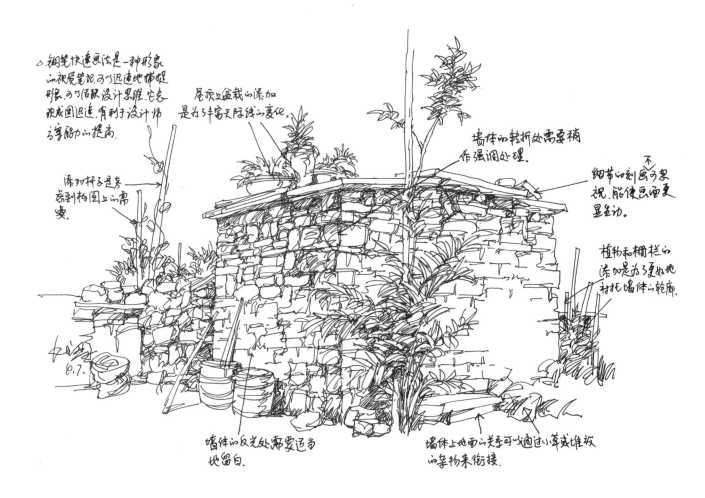

04
表现·快速画法

慢画法,需要梳理出树枝间的前后层次关系。

速度放慢,可以清晰表达结构。

石头表现上浅下深,一是考虑房到石头墙的变化,二是为了跟前景植物拉开距离。

△ 该图用笔缓慢,用线清晰表达场景的空间、结构和层次,注重表达是否到位,关系处理是否合理等,所表现的画面往往显得较为严谨。

屋面及其顶上的树枝如同房子的斜坡顶是一个整体,需要与墙身拉开关系。

与上图相比,该图省略了地面和前景部分,使画面显得更加整体。

石头墙的反光处也与房屋与地面完全融为一体。

△ 该图在上图基础上加快速度,用笔洒脱、自由,注重场景和空间的大关系,忽略细节,所表现的画面往往显得较为生动。

◎ 以随意性线条为主且速度较快的画法可表达建筑的体块及空间关系。虽然只表达建筑大体空间关系，忽略细节，却能把握空间的比例及特征，所表达的画面具有独特的艺术审美价值和感染力。

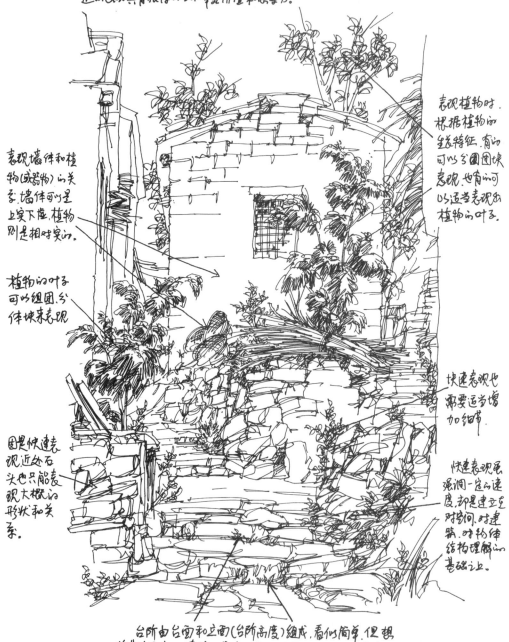

04
表现·快速画法

快速表现讲究的是一种意识

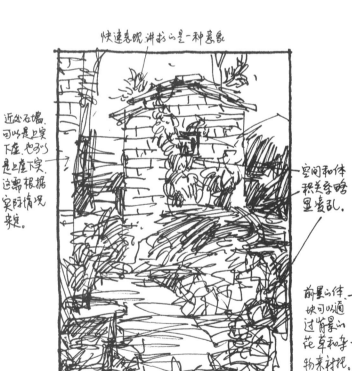

近处石墙，可以是上实下虚，也可以是上虚下实，这需根据实际情况来定。

空间和体积关系略显凌乱。

前景的体块可以通过背景的花草和景物来衬托。

△该图以较快的速度表现建筑及空间场景，但在大关系的处理上有所欠缺，未能很好地拉开空间的前后关系，且画面略显凌乱。

快速表现，最关键的是把握画面的大关系，忽略细节。

快速表现重在表现空间的大关系，把握好大关系，就能把握好画面的整体感。

△该图用笔洒脱、奔放，笔触看似自由，却有次序，能抓住建筑及场景的体块特征，较好地表现出画面的空间关系。

147

◎ 线条在钢笔画的表现技法中是最为基本的造型元素与表现语言。线条有直线、弧线与乱线之分。钢笔画线条的组合要能体现出黑白相间的节奏感和洒脱流畅的韵律感。

◎ 我的速写作品多为现实题材，有着特定的属性，用线条传达一种现代的审美情趣。

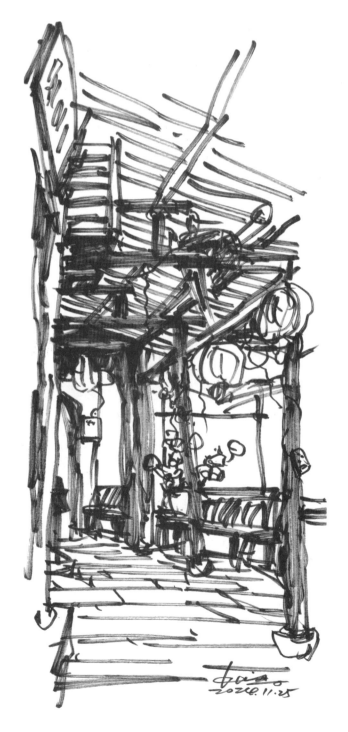

04 表现·快速画法

◎ 速写也可以探索出一条介于写实和意象之间的道路,形成"兼容并蓄,清新厚重"的独特技法和艺术风格。

◎ 钢笔、秀丽笔速写的线条具有灵动性,极具运动感,可以表现出深远、空灵的意趣,给予欣赏者更多的想象空间,同时又使作品有一种透气而又锐利的厚重感。

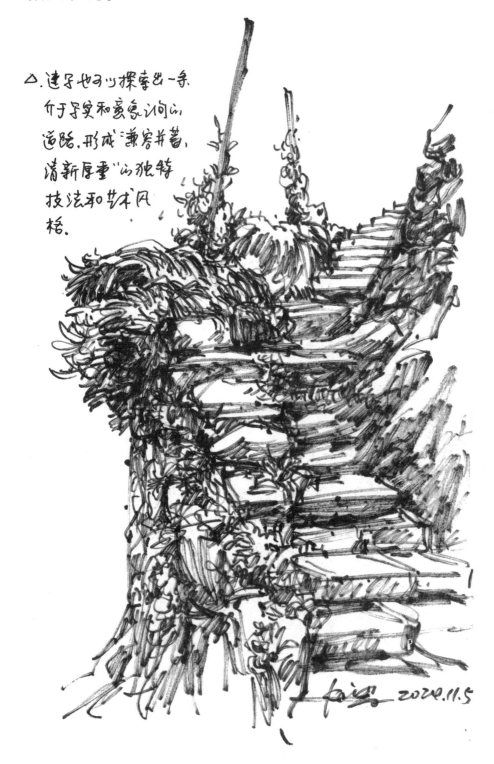

04
表现·快速画法

a. 钢笔、秀丽笔速写的线条具有灵动性，极具运动感，可以表现出浮动、空灵的意趣。给予欣赏者更多的想象空间，同时又使作品有一种透气而又锐利的厚重感。

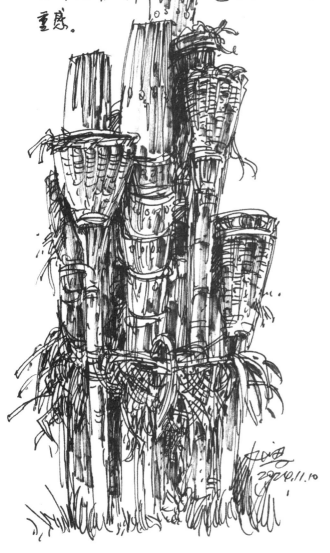

◎ 中国历代画家对线都有着深刻的认识和运用，他们用线描绘景物，抒发情感，使线在艺术作品中发挥了独有的作用和魅力。

◎ 画家应注重写生和生活体验，在探索和实践中，逐步掌握造型的基本规律和形式法则。

◎ 速写是用线条塑造物象的体积、质感、空间与意境，以使画面具有"写"的意趣。

◎ 一个表达传统建筑的画家，只有不断地在现场写生、观察，才能感受到建筑的灵性、挖掘和再现它的美感。

◎ 作品要给人更多的东西、能打动人，就必须在生活里不断磨练自己，每一次出行都是一次修炼的过程，我们要做艺术的"苦行僧"。

◎ 写生时，采用虚实对比的手法，可以分清主次和远近的关系，使画面产生空间景深感。如果虚实对比处理不恰当，主体将不能突出，且缺乏层次。

◎ 秀丽笔所表现的画面注重意境的表达与营造，追求中国绘画艺术的审美意趣，以应物象形的客观绘画方式，并带有主观情感的表露，画面富有个性，营造出一种唯美、恬逸的画面空间与深远的意境，带给观众不一样的视觉感受和无穷的回味。

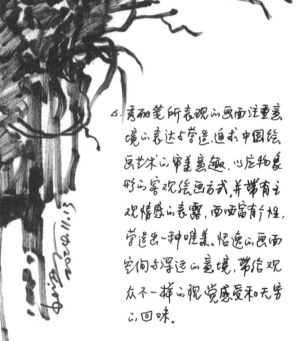

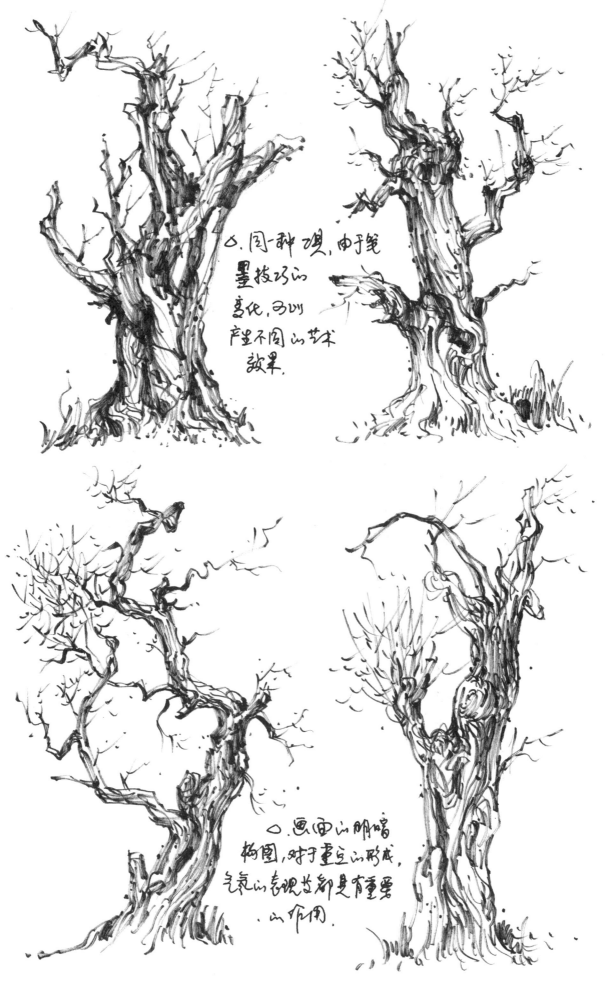

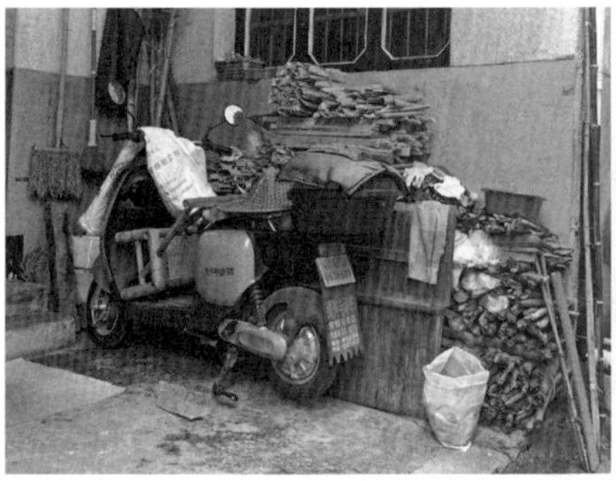
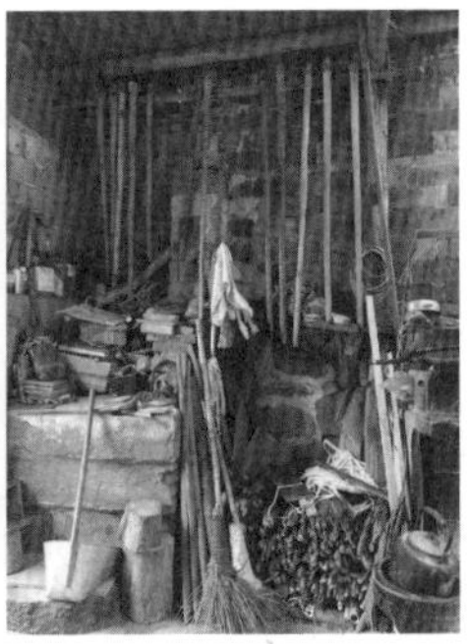

◎ 线条、笔触的形态对于物象的塑造和作品形式美感的形成具有十分重要的作用，力求把线条、笔触的作用发挥到淋漓尽致。

◎ 行画中的观察和表达能留下深刻的记忆，能给作者带来对景物深刻的认识和理解。

◎ 面对景物，如果过于注意物象的描写就会失去意境的渲染，出现“描”的迹象，而过于渲染画面的意境却又容易忽视物象的具象美感，出现“空”的现象。

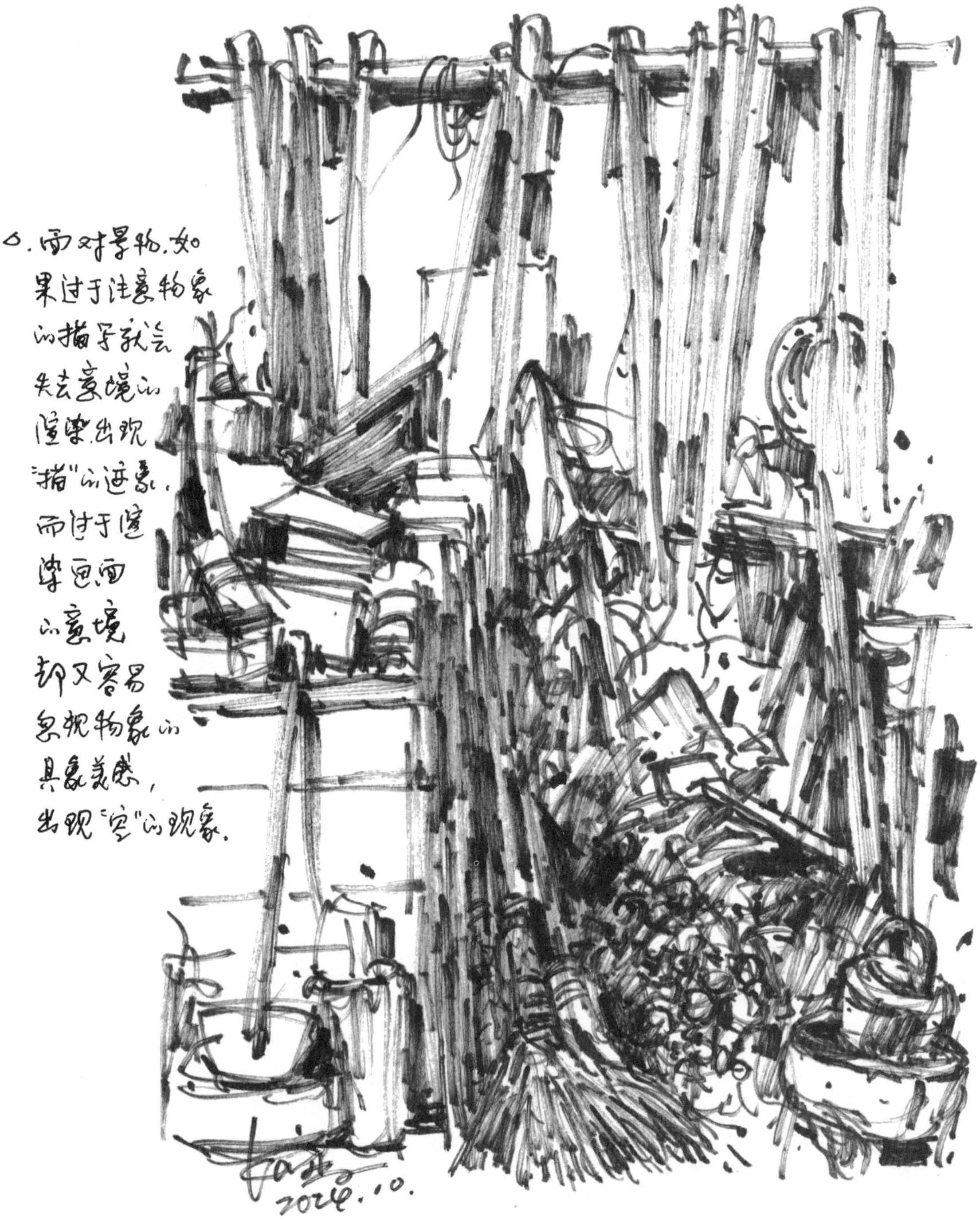

△ 行走中的观察和表达能留下深刻的记忆,能给作者带来对景物深刻的认识和理解。

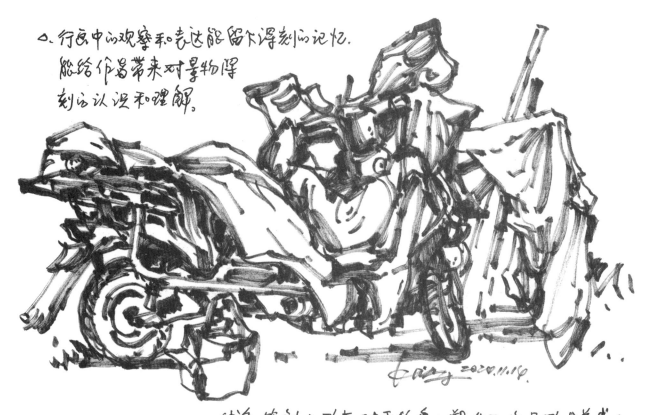

△ 线条、笔触的形态对于物象的塑造和作品形式美感的形成具有十分重要的作用,力求把线条、笔触的作用发挥到淋漓尽致。

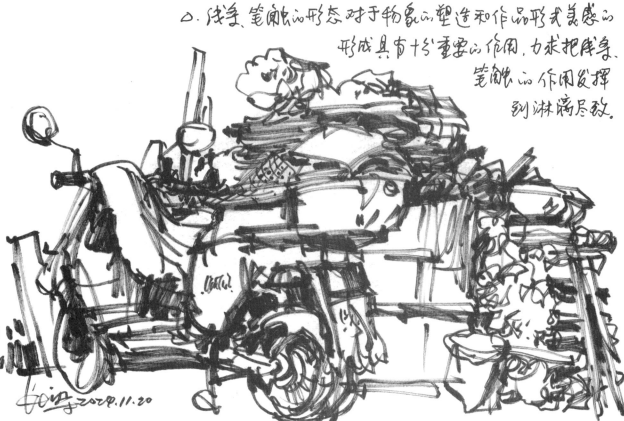

处理：

  写生作品需要艺术加工、概括、取舍、对比皆是主要的方法。其中又以对比方法最为重要。对比包含线条的疏密对比、黑白对比、明暗对比等。对比的主要目的是强调画面中的主次关系，突出建筑主体与细节。经过处理的画面更富节奏感，所表现建筑及场景的空间层次也更加分明。同时，画面中也融入个人情感与艺术语言，赋予建筑以生命力。

05
画面处理

◎ 一幅建筑钢笔画的画面，应有主次、轻重、虚实之分，以形成画面的视觉中心。缺少视觉中心的画面将显得平淡、呆板而缺少生气。为了强调画面视觉中心，常需对画面进行主观的艺术处理来突出某一区域，从而将观者的注意力引向构图中心，形成强烈的聚焦感。

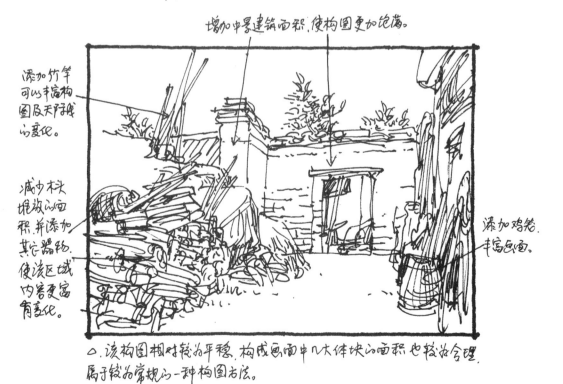

05 画面处理

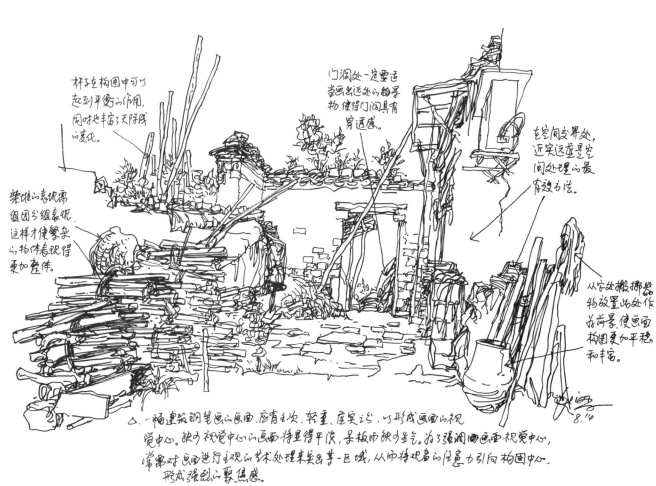

◎ 写生不等于照相。面对景物，不可仅仅停留在准确如实地描绘对象上，而是要主观地进行艺术的处理，运用概括、取舍、对比等手法，使画面具有强烈的艺术感染力。

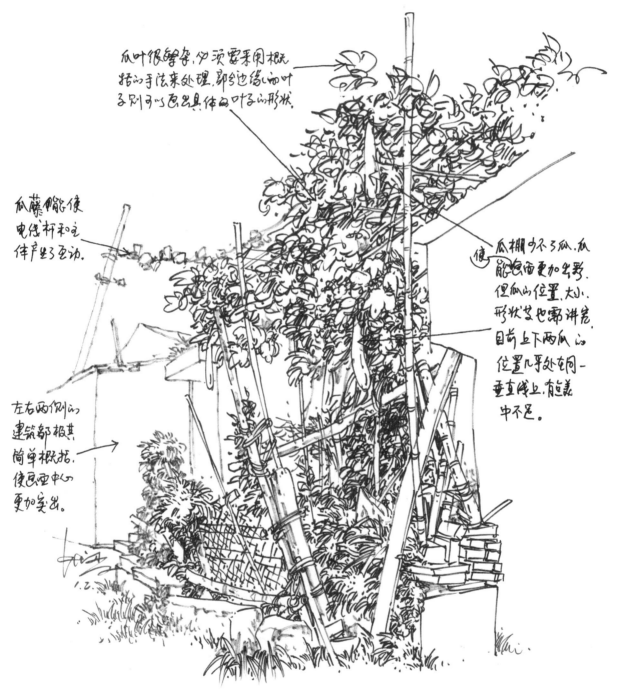

 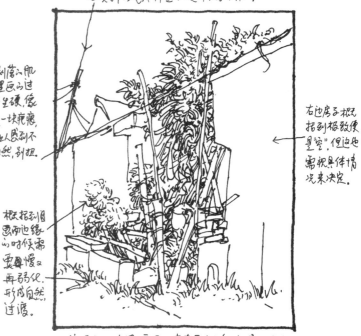

● 概括

◎ 建筑钢笔画的画面中物体主要包括主体建筑和相匹配的配景，处理画面中的物体时，要注意采用概括、归纳、提炼等方法，使描绘的画面具有一定的艺术性。

◎ 我对老屋和旧物有着特殊的感情，随着社会的发展，老屋逐渐在消失，我想通过画笔记录下老屋，并以此呼吁大家关注老屋和古村落。

△. 我对老屋和旧物有着特殊的感情，随着社会的发展，老屋逐渐在消失，我想通过画笔记录下老屋，并以此呼吁大家关注老屋和古村落。

◎ 概括是写生时对画面的重要处理手法。只有善于从纷乱繁杂的事物中，抓住能够反映本质的要素，并进行适当的概括和提炼，才能够表现出事物的基本特征。

场景中的器物，有时需要表现放大或缩小其中的某些物体，产生对比，相互衬托。

内容多又没有次序，画面就会显得凌乱。

边角都撑满的画面会使人感到压抑透不过气来。

△ 面对凌乱的场景和空间，如果只是简单的对景描物，难免会出现杂乱的现象，写生时不但要学会概括，同时也要懂得取舍。

顶上垂挂的织物或塑料布，可以做很好的变形或概括，不要放弃机会。

左边这么杂乱的空间中远景且边角的物体一定要舍得放弃（概括），这也是能使画面具整体感的方法之一。

乱中一定要有序，再乱的场景表现时只要赋予其次序感也会显得很整体。

△ 相比上图，该图在处理上不仅有概括，同时也做了取舍，使表现的画面内容丰富，又不失活泼，同时也避免了画面出现平、乱的现象。

05
画面处理・概括

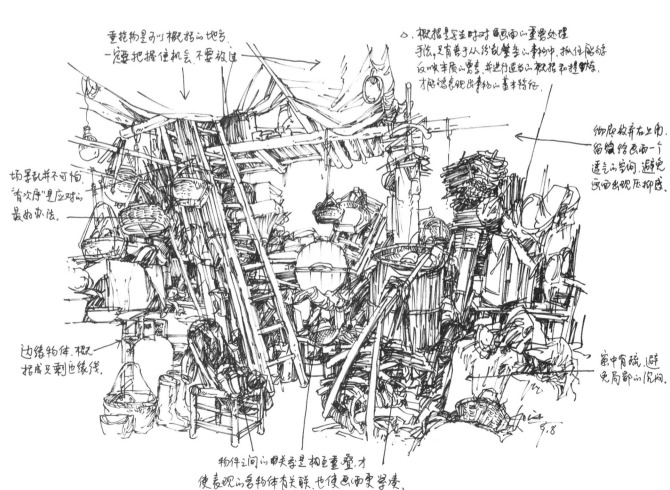

169

◎ 概括的目的是提炼景物的形态特征，使画面和谐统一，更具整体感。缺乏归纳，不分主次的画面会显得松散无力。

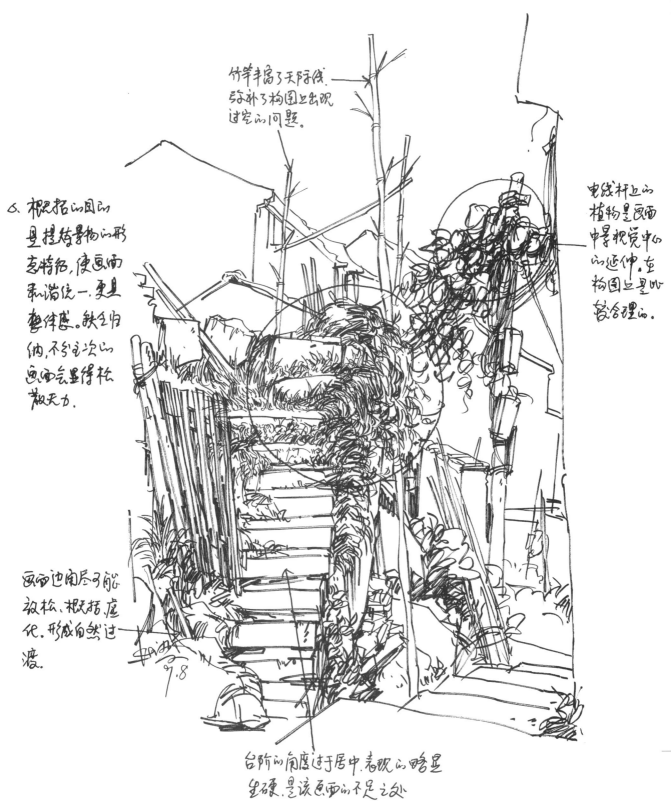

夏克梁建筑场景写生手记

◎ 画木板、墙体（或相似物体）时，要以整体的眼光看待这个"面"或这个"体"，而不宜过于强调画面中的细节。只要抓住整体并适当地表现其细部主要特征，所表现的物体质感明显而且整体感强。

◎ 线条是钢笔画最重要的造型手段，极具艺术表现力，是画家表达主观思想和情感的重要方式。

◎ 速写的线条是极具生命的，无需浓重的渲染，却能把观者带入一个纯粹的意境世界。

◎ 近些年我在绘画实践上主要采用的是钢笔、秀丽笔及马克笔等便捷工具，多为硬笔工具，有一定的局限性，主要是不适合表现天空、背景等大面积的区域，对此，采用了留白的方法，这也慢慢地形成了我画面的一个特点。

6.钢笔画速写,画面特注重留白和疏密的变化,看似静止的画面,气韵却流动其中,如悦动的音符,充盈着无限的生命。

7.线条是钢笔画最重要的造型手段,极具艺术表现力,是画家表达主观思想和情感的重要方式,线条是画面的本质语言,是钢笔画技法的核心要素,也是展现钢笔画内涵的根性元素。

8.速写的线条是极具生命力的,无需浓重的渲染,却把观者带入一个纯粹的意境世界。

◎ 作者的手中之线，是一种具有生命力的艺术形态，由心而发，笔随心动，线由心生，传达创作过程中的所思、所想、所感，呈现作品的特点。

◎ 作品能反映出作者的绘画基本功以及对线条运用的自信，写生中作者在下笔时必须做到胸有成竹，这是建立在每位作者长期而刻苦的训练及对艺术的良好感知之上。

◎ 速写所追求的不应只是对"技"的熟练把握，更应是对"艺"和"意"的不断追求，以达到一种天人合一的和谐。

◎ 钢笔画以黑白两色为主，对比强烈，优秀的钢笔画可以借鉴中国画和书法用"线"的手法和对"意境"的追求。

0. 作为画手中之线，是一种具有生命力的艺术形态，由心而发，笔随心动，线由心生，传达创作过程中的所见、所想、所感，呈现作品的特点。

◎ 建筑写生中的观察和表达能给画家留下深刻的记忆，能带来对传统建筑深刻的认识和理解，也为创作积累丰富的素材。

◎ 通过具有写意性表现和主观情感的线条来抒发感情、演绎情绪，才能使作品充满生机。

◎ 钢笔画的艺术形式多样，如果将其归整分类，可以分为三种：一是注重光影塑造的西方绘画方式；二是注重线条运用的中国传统绘画方式；三是注重具象表现的现代绘画方式。

◎ 钢笔画依靠曲直、粗细、刚柔、轻重等富有韵律变化的线条，概括地表达对象复杂的形状和特征。

◎ 钢笔速写的画面讲求意蕴，讲究留白，常以线面结合的形式，采用半工半写的表现手法，既能做精细入微的刻画，也能进行高度的艺术概括。

◎ 速写时要做到用笔果断肯定，运用顿笔、方折的方法将每一根线条和笔触深深的烙在纸面上，使表现的线条不但具有粗细变化，而且给人以刚健挺拔、浑厚质朴之感。

◎ 钢笔画速写，画面注重留白和疏密的变化，看似静止在画面，气韵却流动其中，如悦动的音符，充盈着无限的生命。

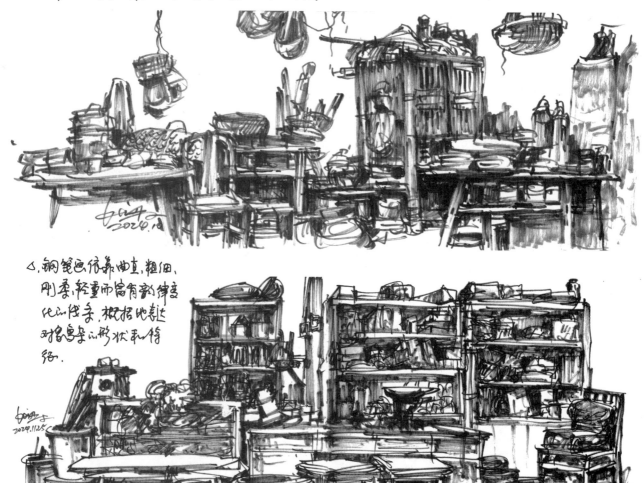

△. 速写时要做到用笔果断肯定,运用顿笔、方折的手法将每一根线条和笔触稳稳地烙在纸面上,使表现的线条不但具有粗细变化,而且给人以刚健挺拔、浑厚质朴之感。

△. 画面如果能客观真实地反映出传统民居的布局、构造及材质之美,营造一幅安居乐业、安逸和谐的生活画卷。其中的一笔一划都源于画家对生活的真情实感和热爱,以及对景物高度概括与提炼的能力。

● 取舍

◎ 钢笔写生构图过程中，可对景物作大胆取舍；在表现手法上，也可对明暗作同样的"取舍"处理。

◎ 写生时，用线条表现建筑物的形体和结构线。如果透视线不是很强烈，容易使画面显得单调和平面化。为了使画面具有空间感、光感或立体感，可以在所绘建筑形体的转折面或暗部略施明暗，以取得理想的效果。

05 画面处理·取舍

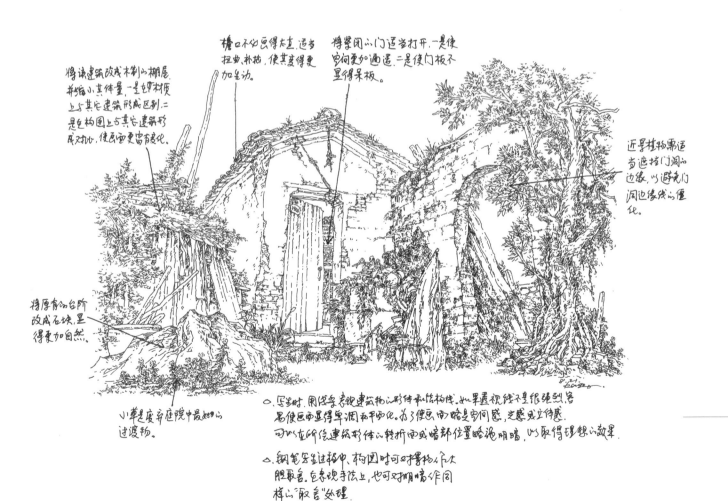

◎ 写生时，根据需要，有时将画面以外的景物创造性地移置进来，这需要客观的分析和理性的思考，从纷繁的自然形体中寻找合适的形体加以表现。

△ 根据实际场景表现的画面，总体尽管尚可，但还是存在较多不尽人意之处。因此，还需做适度的取舍处理，以使构图更加完美。

△ 该图根据实际场景作了适当的取舍，使画面构图更加完整，主次关系更加清晰，疏密关系也更加明了。

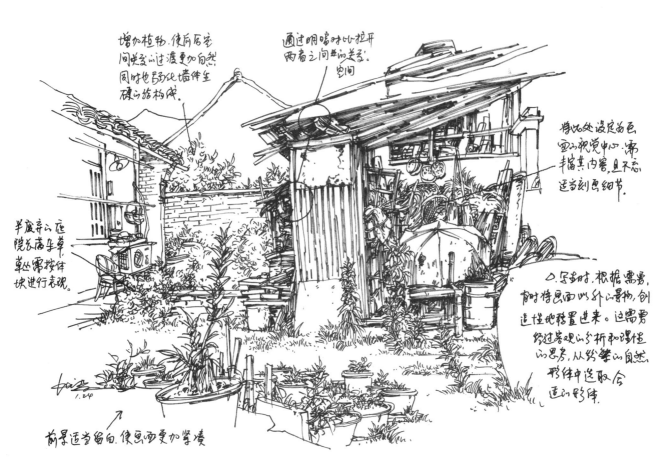

◎ 景物属于自然的形态，不可能处处合乎作画者的构想。写生是对自然景物的一种提炼，作画时，可以根据画面构图、处理的需要，进行大胆的概括和取舍，以达到理想的艺术效果。

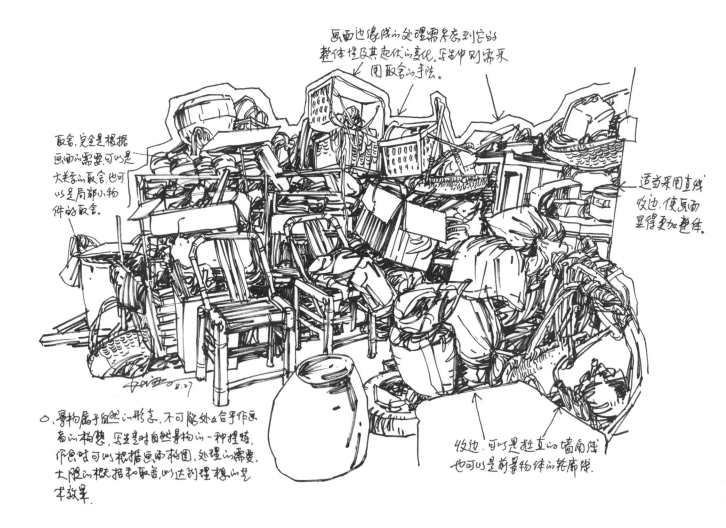

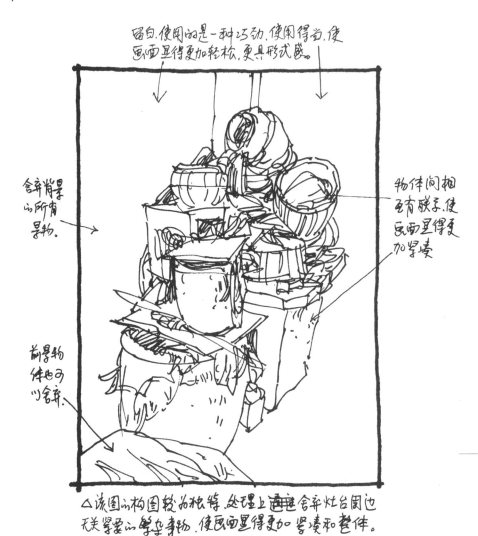

◎ 飞鸟可起到均衡构图和引导视线的作用。

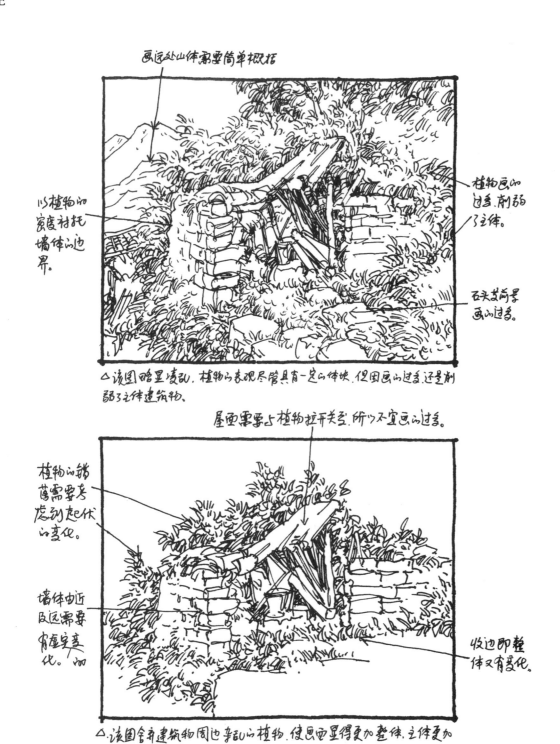

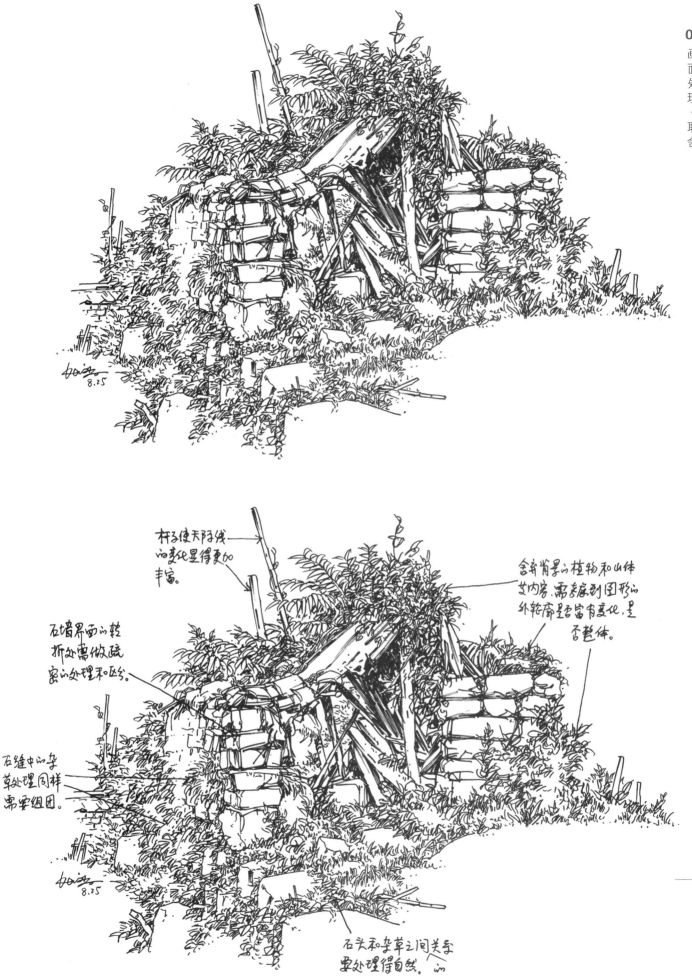

◎ 通过对自然景物进行观察，选择画面所需的形象，舍弃多余物体，才能更直接、更明确地反映主题，把握画面。

◎ 主体往往是均衡画面的支撑点。

△ 根据现实场景，未经过取舍处理的画面缺少主次，缺少空间关系，显得较凌乱。

△ 根据现实场景，采用舍的方法，对中远处的山体进行舍弃，使表现的画面更加整体。

◎ 写生时，通过对景物的认识和理解，有目的地去组织构图，经过取舍、概括、提炼、加工，表达出自己对场景的感受，而不是照抄原始面貌。

◎ 观察选景时，画面中所展现的景物应给人以强烈的整体感，因此，在写生中那些有损画面整体感的物体应予以舍弃。

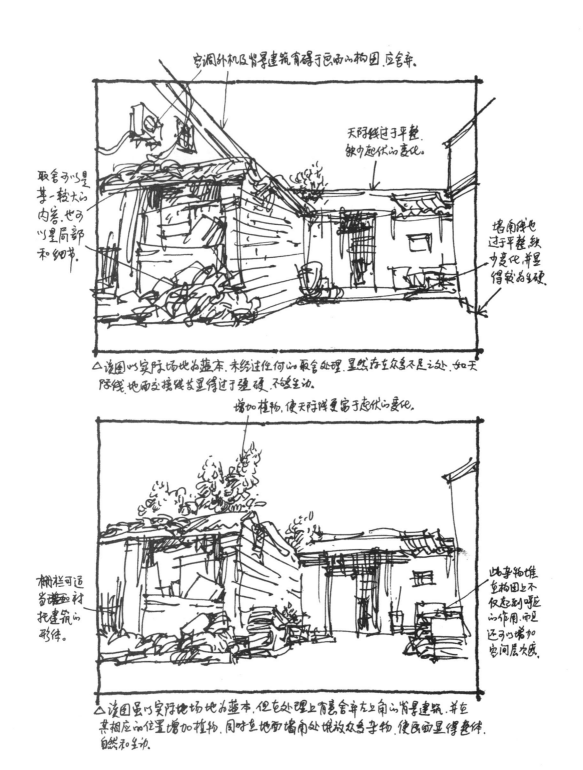

05 画面处理 · 取舍

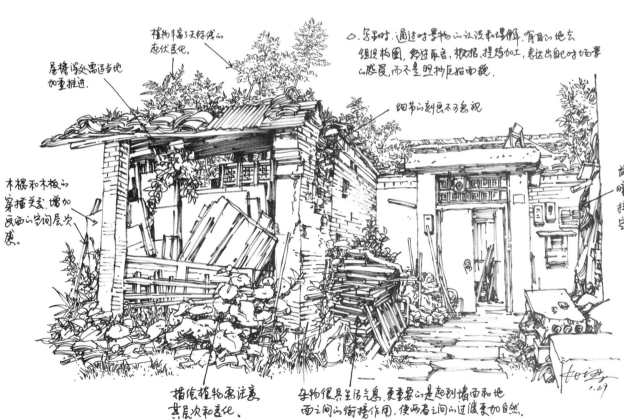

● 对比

◎ 画面的处理离不开对比的手法，有对比才有主次和前后空间关系。钢笔画的对比手法可以是主次的虚实对比，明暗的黑白对比、形状的大小对比、线条的疏密对比等中的任何一种或几种。

◎ 在处理石头的手法上，概括、简练，以大块面积留白为主，整体感强，与线条密集的建筑形成对比，从而拉开石头与建筑的空间层次。

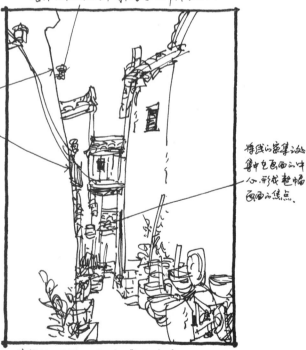

05 画面处理·对比

屋檐的边缘结构都可以做适当的扭曲和变形，使画面更具张力。

尝试黑块的使用，在画面中起到点、线、面的作用。

扭曲的墙体结构线，使画面更具视觉冲击力。

采用狭长的构图，左右两侧留有大量的空白，并让墙体的结构隐作为画面的收边，使该画面视觉中心明确，纵深感强并极具形式感。

画面的处理离不开对比的手法，有对比才有主次和空间关系。钢笔画的对比手法有主次的虚实对比、明暗的黑白对比、形状的大小对比、线条的疏密对比等。

前景植物在左边大面积留白处的延伸，增加了图形和留白之间的互动性。

◎ 写生时，采用虚实对比的手法，可以分清主次和远近的关系，使画面产生空间景深感。如果虚实对比处理不恰当，主体将不能突出，且缺乏层次。

◎ "实"可通过密集的线条来表达具象的物体，而"虚"则是通过疏松的线条来传达抽象的形态。

05 画面处理·对比

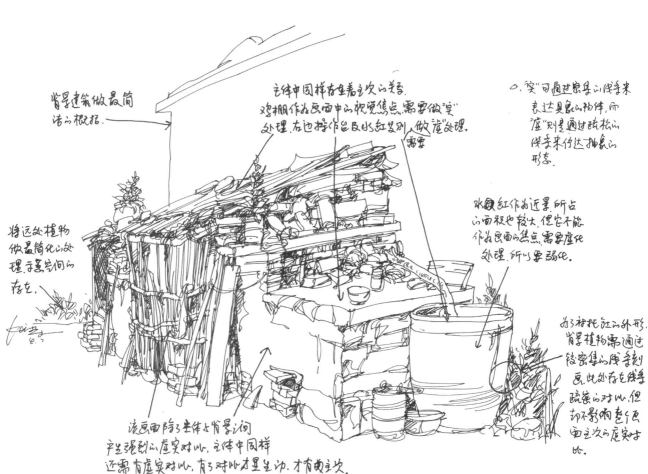

◎ 虚实对比的处理手法，往往是近景或主要物体需刻画详细，远处或次要景物要概括、简练。画面的主次更加分明，形成较好的空间层次。

◎ 空间层次关系的表达，有时需要采用虚实对比的方法。

△ 该图的近、中、远三个不同空间层次在处理上都是采用同一手法，缺少虚实的对比，导致画面缺少主次，也缺少空间层次感。

△ 相比上图，该图在处理上有意弱化前景的植物和远景的建筑，使画面产生虚实对比，也使画面的主次分明并具有一定的空间层次感。

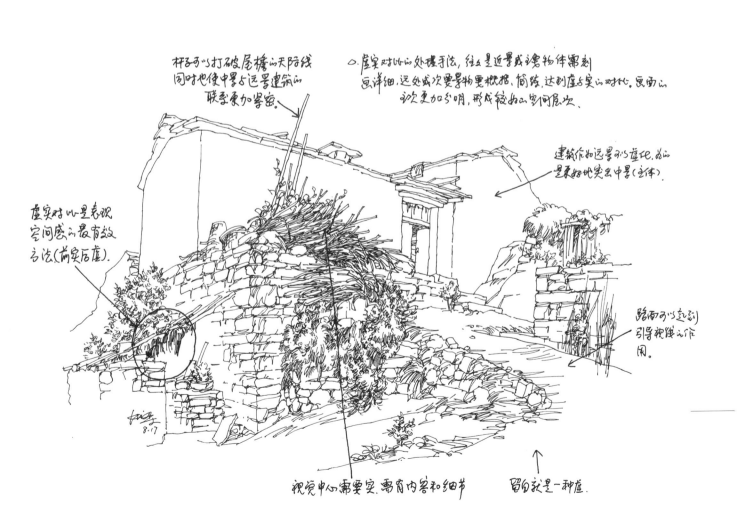

◎ 不论是多么复杂的物体，只要通过整体看待事物的眼光去分析理解，把握物体的大体关系，并注意其次序性，所表现的画面将显得整体，且具有体积和空间感。

△ 该图无论从远近大关系上还是局部的空间层次上都缺少虚实的对比，使表现的画面平淡，无主次和空间关系。

△ 该图从空间大关系上尽管前、中、远景没有明显的虚实对比，但相比上图，该图近、中、远景之间的过渡均有明显的虚实对比，拉开层次关系。可见虚实对比对表现空间层次的重要性。

05
画面处理·对比

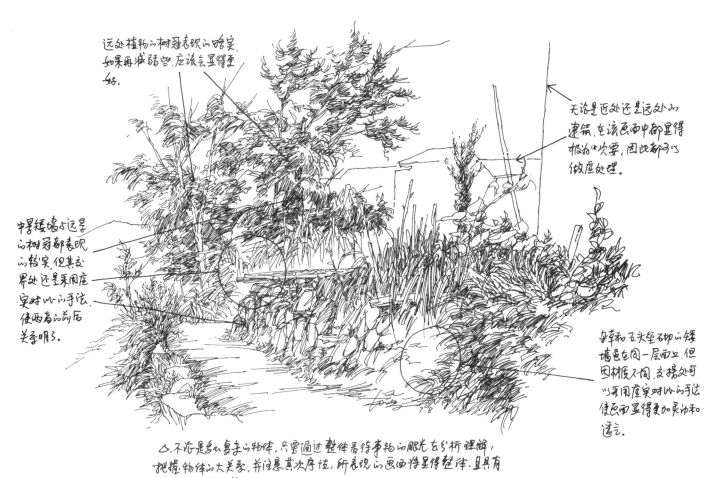

◎ 写生时，远处的景物只需表现其大概的形态和简单的色调，尽量运用简单的线条及其组合形式。对于近景，力求详细地刻画，并运用复杂多样的线条及其组合形式去表现，使画面形成远简近繁或远虚近实的对比效果，丰富了画面的空间层次。

05 画面处理·对比

夏克梁建筑场景写生手记

05 画面处理·对比

◎ 钢笔画的用线方法，要求其线条挺直而准确，避免慢描细画，常以较快速度画出线条。有时，某些线条表现欠准确，可再画线纠正，甚至可以在多根线条中寻求一根准确的线条。这样反而能增加了钢笔画杂而不乱的独有的艺术魅力。

◎ 钢笔速写用笔需做到肯定、有力，不要画出缺乏自信的线条。

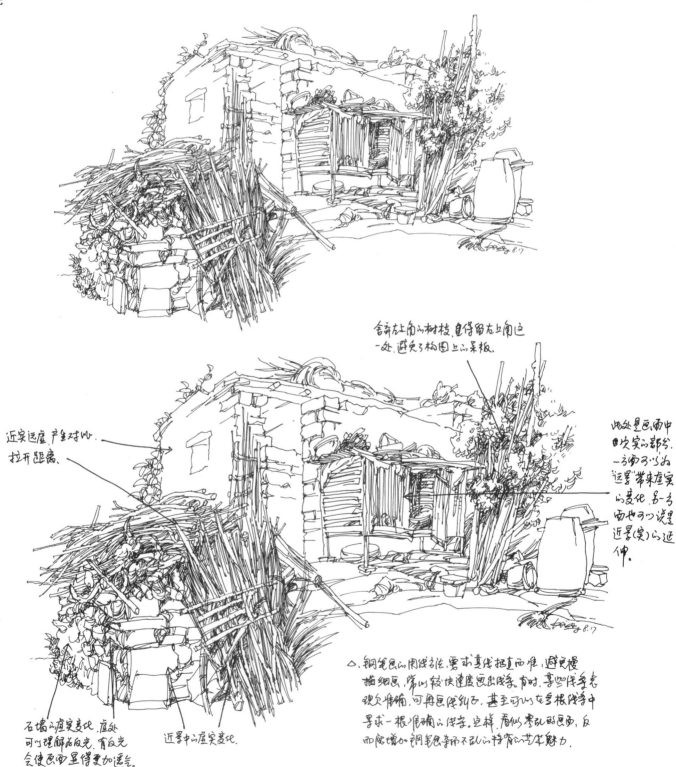

◎ 钢笔画依靠同一粗细线条或不同粗细线条的疏密组合、黑白搭配，使画面产生主次、虚实、节奏等艺术效果。

◎ 景物的"精彩"部分要重点刻画，可以通过对物体轮廓及结构线的细致描写，也可以通过强烈的黑白对比的方式强调物体。

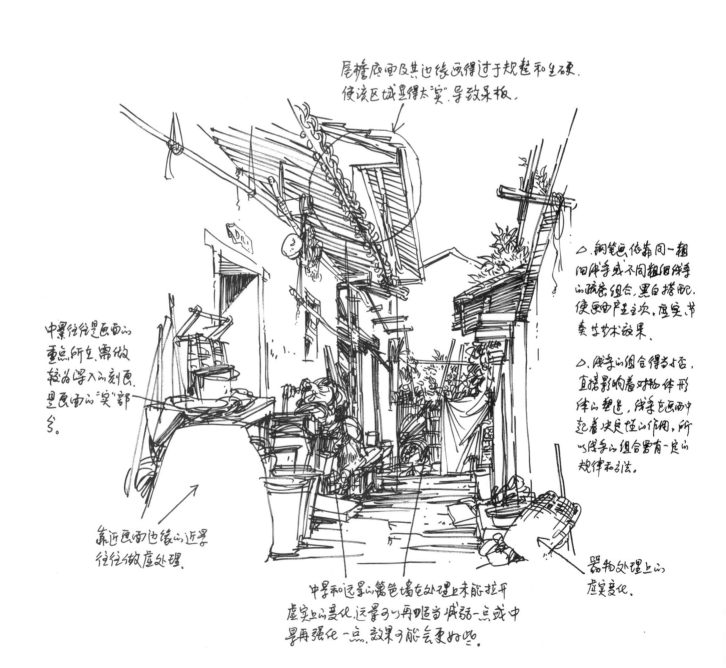

◎ 黑白对比的处理手法在画面中往往以黑、白、灰关系表现景物的层次。三者之间的对比和穿插运用得当，可以表现出景物远近的空间距离，使画面产生透视纵深感。

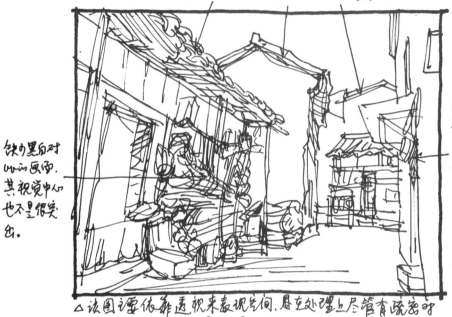

近、中远景缺少明暗的对比，导致画面的空间感不强。

缺少黑白对比的画面，其视觉中心也不是很突出。

黑白对比应建立在大关系对比的基础上，再考虑细节的对比和变化。

△ 该图主要依靠透视来表现空间，且在处理上尽管有疏密对比，但视觉冲击力并不是很强。

明暗大关系要有渐变，可以是远暗近亮，也可以是上暗下亮。

画面的纵深处，可以弱化黑白对比。

"暗一亮一暗一亮"，强调黑白对比，增强光感和空间关系。

△ 在原有透视基础上，加强画面的黑白对比，突显了空间的前后层次关系，也使画面更具视觉冲击力。

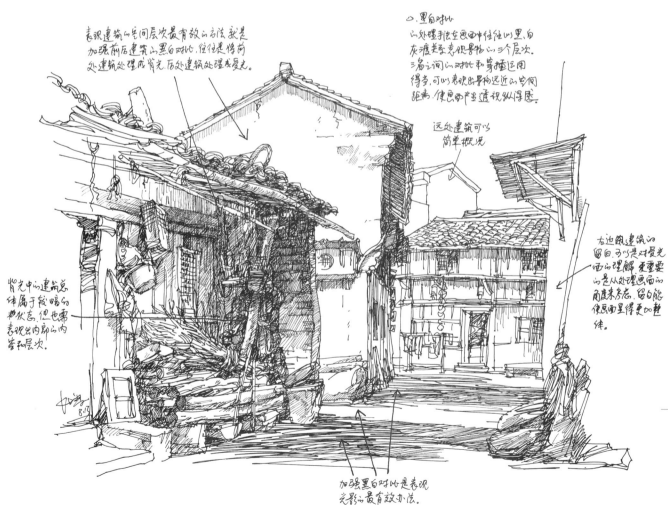

◎ 在阳光照射下，明暗的对比是景物最显著的特征之一。明暗对比的强弱，影响到物象体量和特征的明显与否。写生时，只要注重强调黑白明暗关系，就容易表现建筑的立体空间效果。

◎ 受光面和阴影面在明暗上应拉开层次。

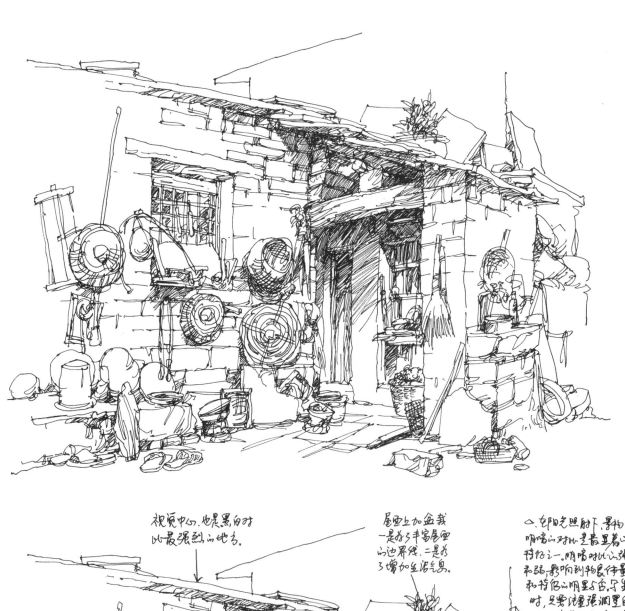

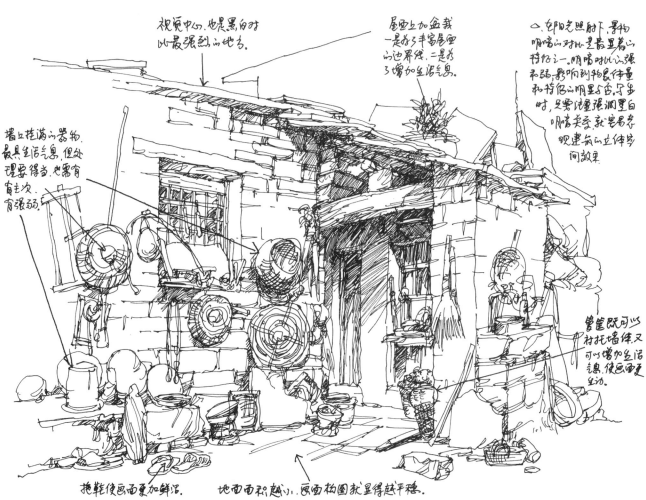

◎ 要想将景物描绘成具有空间立体感的艺术形象时，可通过以下几种处理手法：采取景物大小分布、前后位置重叠来区分空间远近关系；运用对比来表达前后空间关系；借助透视原理来展示空间层次关系。

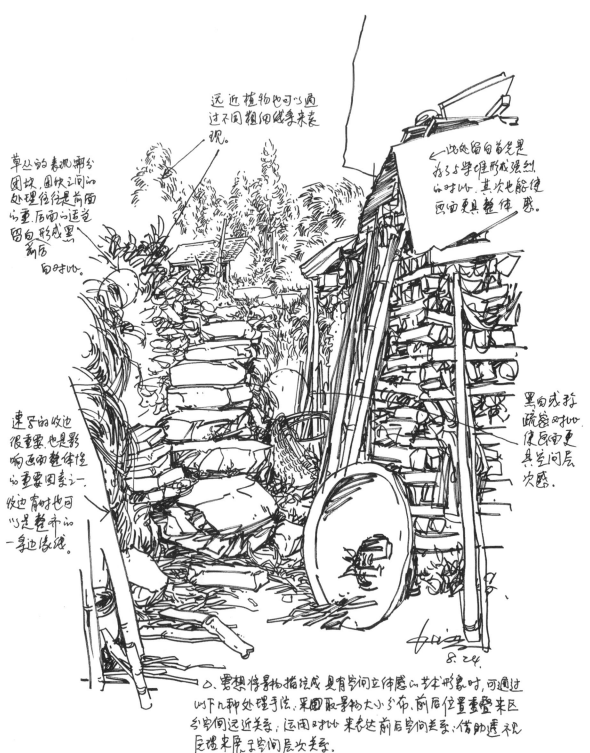

05
画面处理·对比

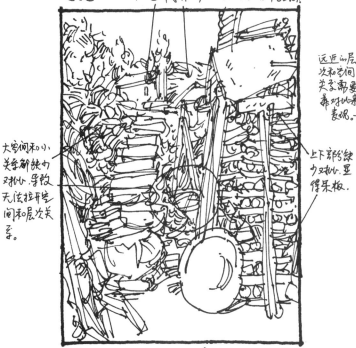

△ 该图在处理上缺少对比，只是做客观的描绘，画面显得平淡，缺少变化和空间层次感。

△ 该图在处理上有意加强黑白明暗对比，增强画面的空间感和生动性。

217

◎ 黑白的对比，易产生强烈明确的空间视觉效果和丰富的节奏感。

◎ 画面中较清晰的物体，往往是画面的重点所在，可通过黑白对比的手法，将其呈现出来。对比愈强烈，物体愈清晰。而远景或次要部分的对比则需相对削弱，使其逐渐隐退，以增强画面的空间纵深。

◎ 黑白对比的概念相对宽泛，可以是黑块和白底之间的对比，也可以是线条叠加形成灰块和白底之间的对比，亦或是线条组织形成一定密集度与白底之间的对比，具有黑白对比的画面会显得更加生动。

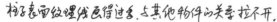

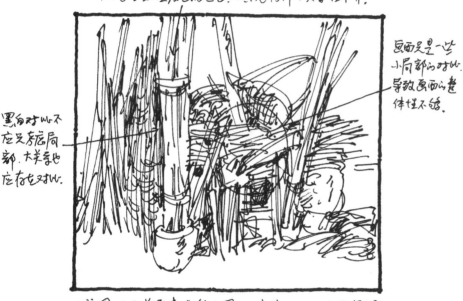

△ 该图从大关系来讲缺少黑、白疏密对比，画面显得较扣平淡。

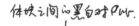

△ 该图在处理上有意增强黑白对比关系，画面明显要生动许多。

05 画面处理·对比

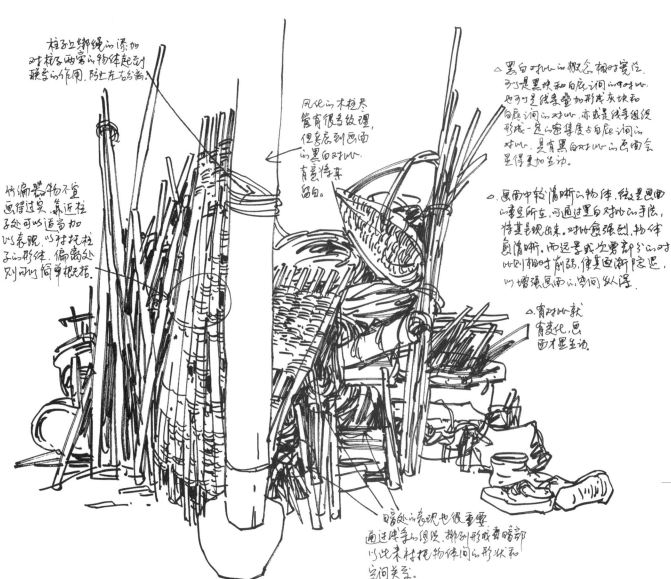

◎ 在景物的明暗构图中，常以加强和减弱明暗对比的手法来构成画面的趣味中心。

◎ 线条本不具有光影与明暗的表现能力，只有通过线条的粗细变化与疏密排列，才能获得各种不同灰度的色块，表达出形体的体积感与光影效果。

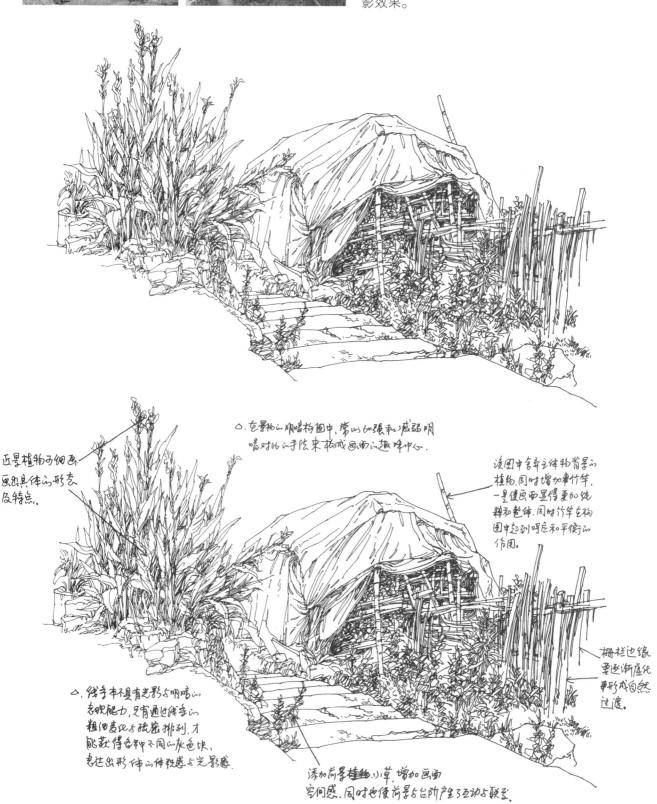

植物刚好处在主体物的两个边角，略显呆板，可以舍弃其中一棵。

左边前景在构图上安排得比较合理得当，并能与主体区域拉开空间距离。

栅栏在透视上略显平淡。

△ 主体在画面中应占有一定的面积，面积大小要适中，过大会显得局促、压抑，过小则会削弱了主体，该图主体所占面积较为得当。

所以

一般情况下，栅栏均要与植物相结合，并要表现出栅栏的透视感。

左边面积较小，也导致画面缺少空间景深感。

栅栏面积过大削弱了主体。

前景植物位置过于居中。

△ 该图主体在画面中所占的面积偏大，使画面构图显得较为局促同时也缺少空间景深感。

◎ 面积对比的处理手法，往往是主体形象在画面中所占的面积较大，起到主导的作用，而次要部分所占的面积较小，只起陪衬和呼应的作用。

◎ 建筑画中，往往有意安排近、中、远景，这样的画面具有丰富的层次感。有层次的景色可使空间显得格外深远。

◎ 处理暗部时，要适当留白，这是使空间透气最有效的方法。

05
画面处理·对比

223

05 画面处理·对比

◎ 钢笔画的疏密是指单位面积内线条的密集程度。用线描的手法表现对象时，不管景物的复杂程度如何，只要疏密处理得当，就能把较复杂的空间层次有条不紊地表现出来。

◎ 树木形体本来是非规则的，但在表现时，应将其进行归纳、概括，形成某个体块。

◎ 长期的行走写生可以为作者积累丰富的生活经验和人生感悟，也可以形成每位作者对景物及其描绘方法独有的见解和感受。

◎ 线条是画面的本质语言，是钢笔画技法的核心要素，也是展现钢笔画内涵的根性元素。

△ 钢笔风的"疏密"是指单位面积内线条的密集程度。用线描的手法表现对象时，不管景物的复杂程度如何，只要疏密处理得当，可取得黑、白、灰的画面效果，就能把较复杂的空间层次有条不紊地表现出来。

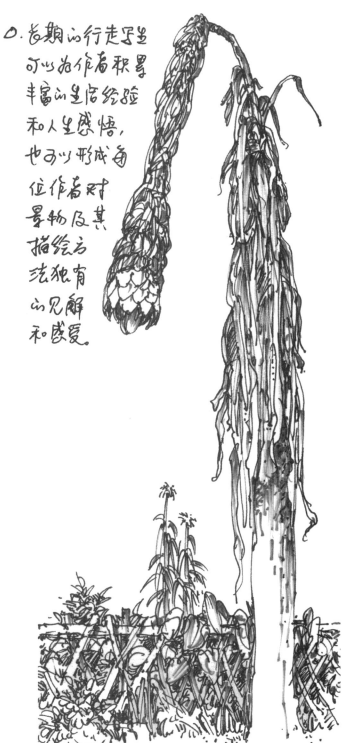

0. 长期的行走写生可以为作者积累丰富的生活经验和人生感悟，也可以形成每位作者对景物及其描绘方法独有的见解和感受。

◎ 用疏密对比的处理手法，画面中应做到"疏"衬"密"，"密"衬"疏"，大面积的"密"中渗透着"疏"，大块面的"疏"中穿插着"密"，使景物层次分明，形象突出。

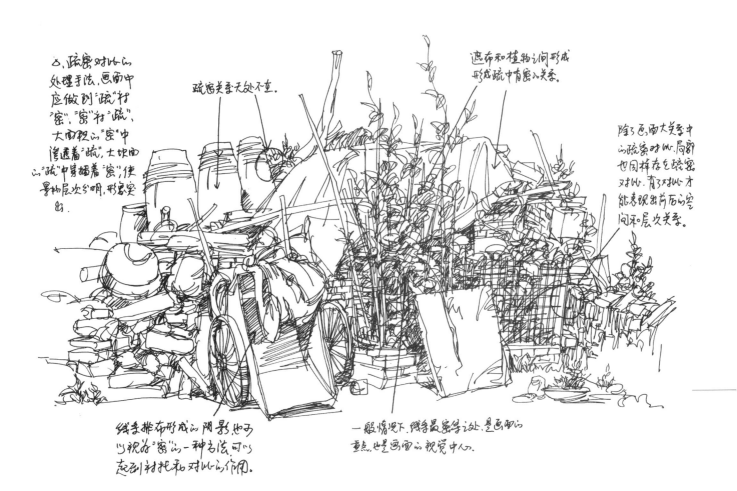

◎ 线条疏密的合理安排，不仅能使画面生动有趣，也有助于体现空间层次。

△ 在空间层次上，如果将该图分为三个层次，分别为三块石板（前景）、柴堆及石头砌成的平台（中景）、建筑（远景），按理讲，这三层关系需要比较明了，但目前中远景关系因缺少疏密关系的对比，导致拉不开距离。

△ 该图的近、中、远景关系因存在疏密的对比，相比上图，该画面的空间关系明显要好很多，也使人感到更加轻松。

05 画面处理·对比

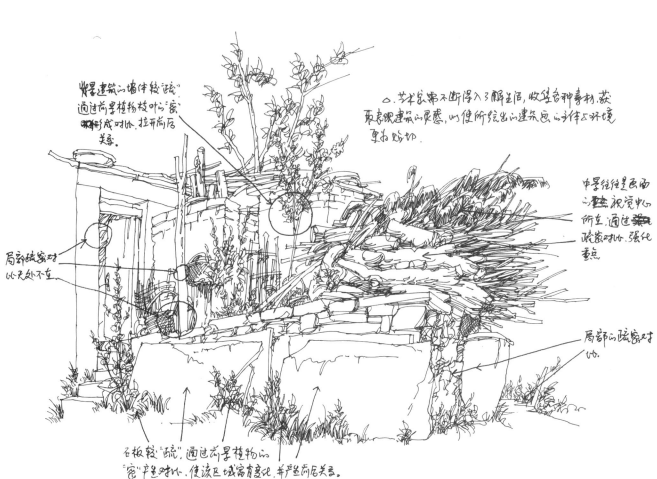

231

夏克梁建筑场景写生手记

05 画面处理·对比

◎ 学习建筑画，必须先要掌握透视的基本原理，作画时，只要遵循物象的近大远小、近高远低等规律，就不难表现建筑的空间关系。

◎ 树与远山之间，树的高度尽可能高出山的轮廓线，以使山体纳入画面。

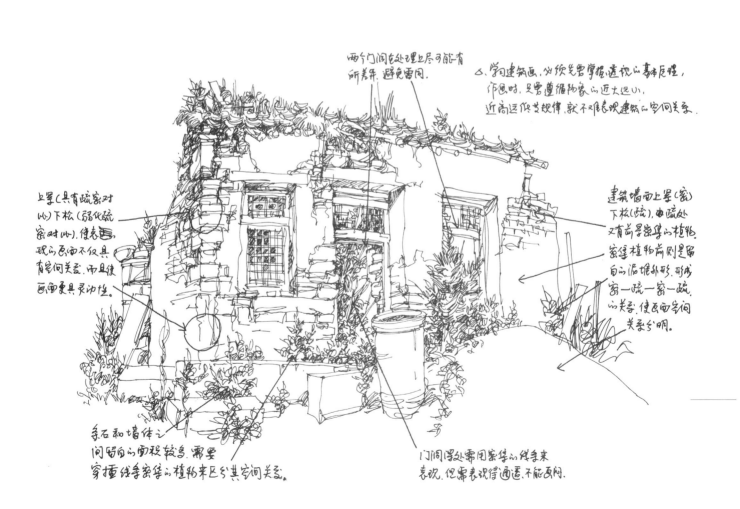

◎ 线条合理的经营，才能使画面"疏者不厌其疏，密者不厌其密，疏而不觉其简，密而空灵透气，开合自然，虚实相生"。

◎ 画面的处理手法和技巧都是为了塑造艺术形象，表达作画者对景物的感受。

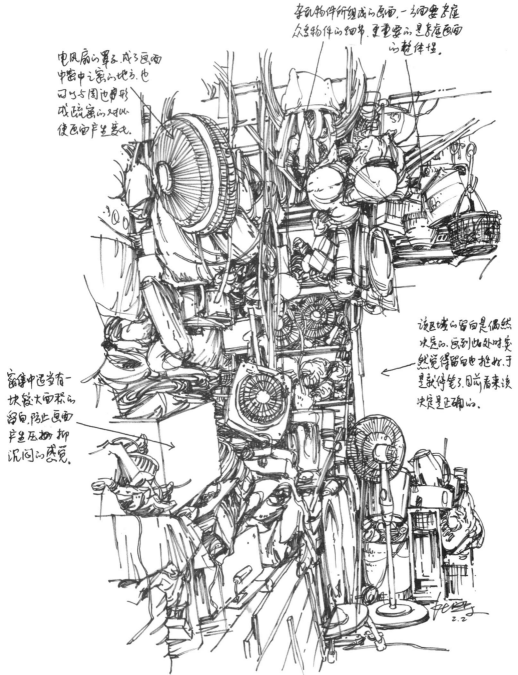

05 画面处理·对比

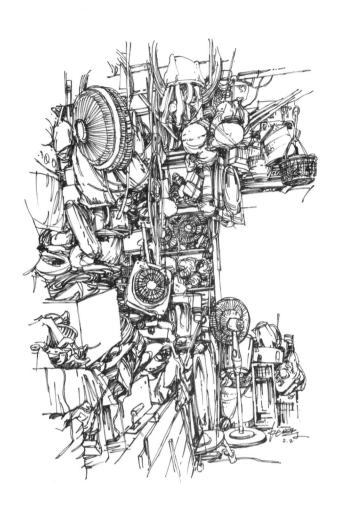

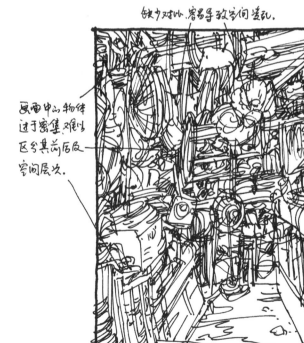

△ 繁杂的物件组成的画面,如果缺少疏密的对比,首先是让人感觉透不过气来,其次也是使画面显得较为凌乱和平淡。

△ 相比左图,该图的疏密对比较为得当,画面空间层次分明,视觉中心一目了然。

◎ 钢笔画的绘制十分简便，且笔调清劲，轮廓分明，其线条非常宜于表现建筑的形体结构，因此，钢笔画是建筑写生中最常见的一种表现形式。

◎ 线条是钢笔画中最基本的组成元素，具有较强的概括力和细节刻画力。

◎ 每位作者都要在长期的写生实践中，慢慢形成属于自己的独特个人魅力，创作出风格鲜明的艺术作品。

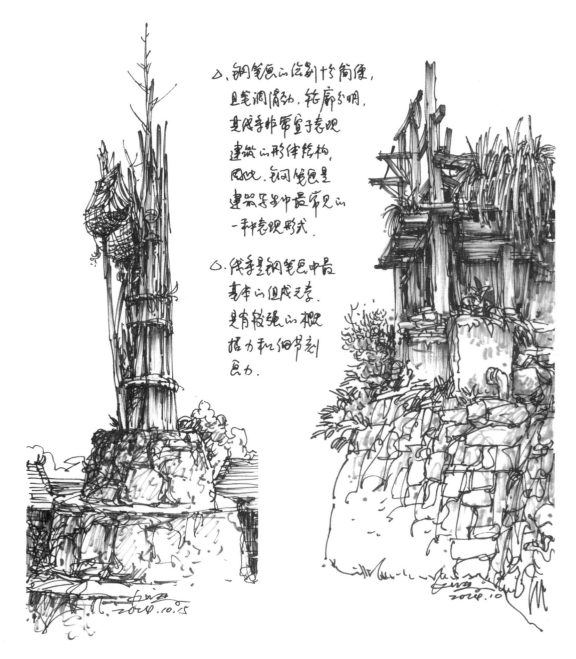

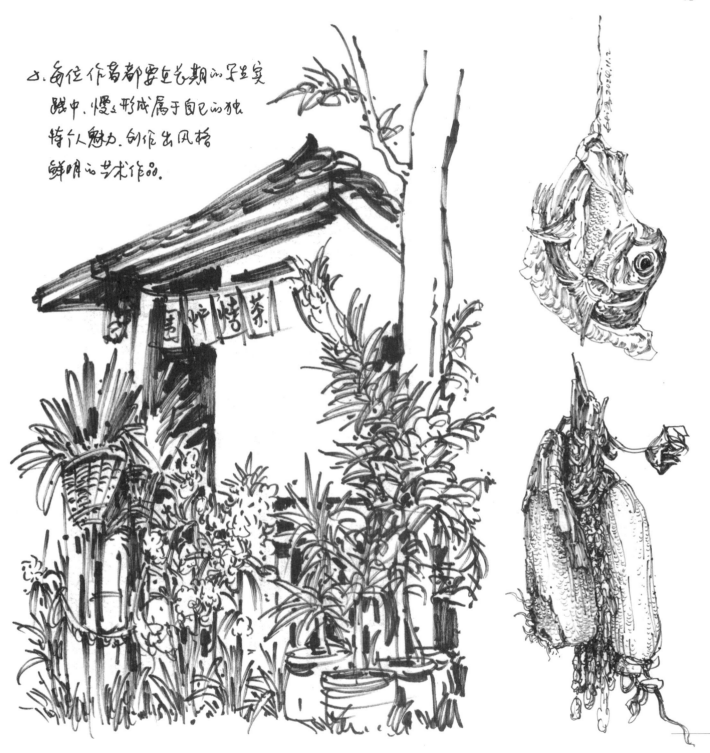

※每位作者都要在长期的写生实践中，慢慢形成属于自己的独特个人魅力，创作出风格鲜明的艺术作品。

● 调整

◎ 画面的"整体调整"在写生中是很重要的环节。根据构图需要，或为了强化空间的目的用添加物体或深入明暗的方法进行调整。

◎ 上方三图中，左图为树的左侧面，枝叶繁茂，结合左下方的佛龛，画面内容更加丰富、构图更加饱满，容易支撑起拱门形的构图；中图角度过正，容易画得呆板；右图为树的右侧面，与左图有较多相似之处，但枝叶不及左图饱满，且围栏与主体之间有空当，难以撑满拱门形的构图。

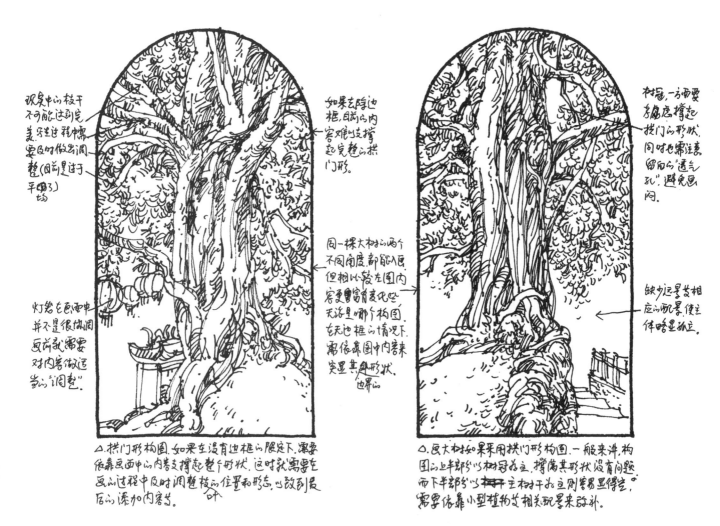

△ 拱门形构图，如果左没有边框的限定下，需要依靠画面中的内容支撑起整个形状，这时就需要在画的过程中及时调整枝的位置和形状，以致到最后的添加内容等。

△ 巨大树木如果采用拱门形构图，一般来讲，构图的上半部分以树为主，撑满其形状没有问题，而下半部分以主树干孤立则容易显得生，需要依靠小型植物等相关配景来弥补。

○.明暗层次的表现是钢笔风景技法中常见的一种表现手法。明暗的浓淡能更好地突出风景画的自然气氛,赋予了画面的韵味,增强了风景画的艺术感染力。

◎ 整体调整是指写生快完成时，需对整个画面进行全面的观察、适当的调整与处理，以求各个局部之间的关系能够更加协调，构图更加完整，画面更加统一。

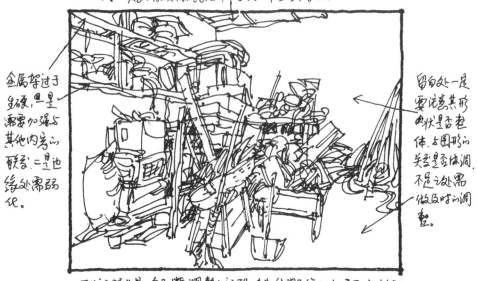

05
画面处理·调整

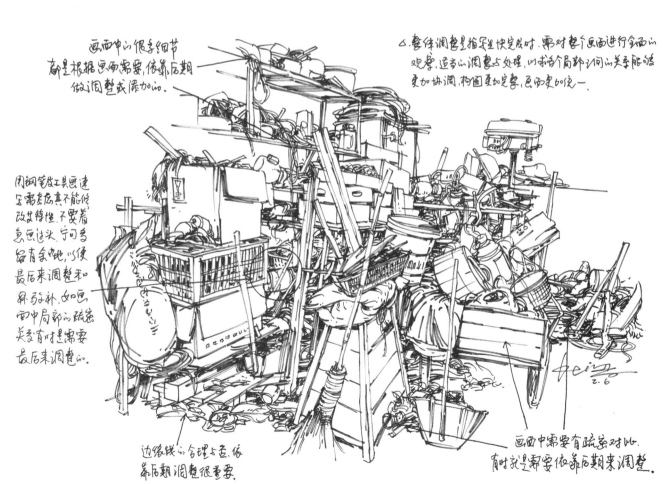

画面中的很多细节都是根据画面需要,依靠后期做调整或添加的。

用钢笔类工具画速写需多慎重不能修改其特性,不要着急画过头,宁可多留有余地,以便最后来调整和弥补,如画面中局部的疏密关系有时是需要靠后期来调整的。

4.整体调整是指军要快完成时,需对整个画面进行全面的观察,适当的调整与处理,以求各个局部之间的关系显得更加协调,构图更加完整,画面更加统一。

边缘线的合理与否,依靠后期调整很重要。

画面中需要有疏密对比,有时就是需要依靠后期来调整。

◎ 建筑写生中，往往有意安排近、中、远景，这样的画面具有丰富的层次感，有层次感的景色可使空间显得格外深远。

◎ 写生要有重点、有主次，写生过程要特别注意归纳对象的关系，简化层次，突出主题。

◎ 左右两图，主要区别在于顶部，左图的顶部更为开放，图面就更加舒展。

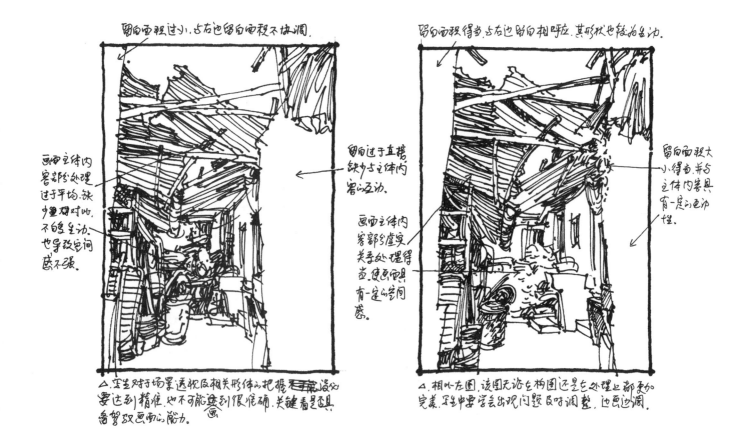

创作：
　　钢笔建筑创作不仅是技术的展现，更是个人情感与艺术语言的表达。通过线条的节奏、疏密和力度，传递对建筑的独特感受，如历史的厚重、现代的力量或自然的融合。创作中还需要融入主观视角，体现个人的语言和画面的形式美感。最终，作品不仅是建筑的再现，更是创作者内心世界的映射，赋予画面独特的生命力与情感共鸣。

06
创作

夏克梁建筑场景写生手记

◎ 我的作品大多来自自然和生活，以现场写生为创作表达方式，但写生并不是对物象的客观描摹，而是来自内心对生活的一种感悟。

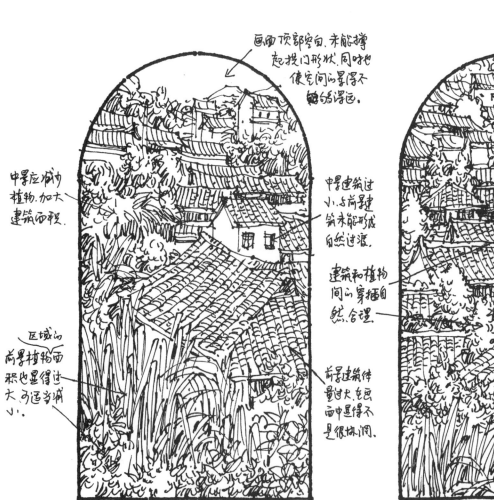

△ 该图近景植物和主体建筑所占比例过大，占据了画面一半以上的面积。画面尽管具有一定的景深感，但缺少中景的建筑，使近、中、远的空间过渡不够自然。

△ 该图相比左图，近、中、远景的建筑体量大小合理，过渡自然。除此之外，植物和建筑间的穿插也显得非常合适、有序。

06 创作

因考虑到画幅的特殊形状，画面的周边需通过植物或建筑及相关元素将其填满。

写生即创作。写生可以是寥寥几笔的速写，也可以表现的非常深入和细致。无论哪种方法，只要画的好，都可以说是一件优秀的作品。写生过程中，不要满足于对物象做简单地摹写，而是要注意与自然对话、与建筑对话，通过对景物的观察、分析，深入了解后再下笔，线条不仅寄予理性的思考同时又充满感性的发挥，将实景与意境完美地结合在一起。

该作品是现场写生并结合创作现场完成的。主观上做了非常多的改变和处理，画面更多追求的是一种形式。

家居的瓦片中适当添加未完成的瓦片，使屋顶不会显得那么呆板。

◎ 我的作品大多来自于自然和生活，以现场写生为创作表达方式，但写生并不是对物象的客观描摹，而是来自内心对生活的一种感悟。

◎ 钢笔画以线条作为造型的手段，它不依赖色彩和明暗来塑造，而是通过线条的变化、组合来表现物象的形态、空间和质感，以其清新、自然、质朴的艺术特点散发着无穷的魅力。

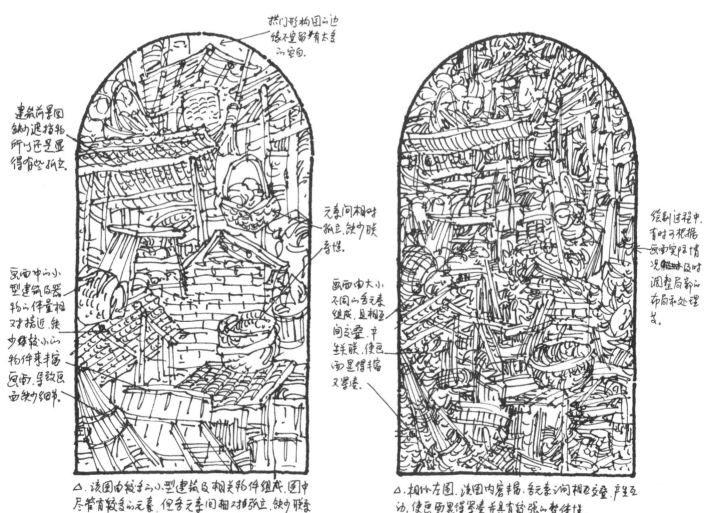

06 创作

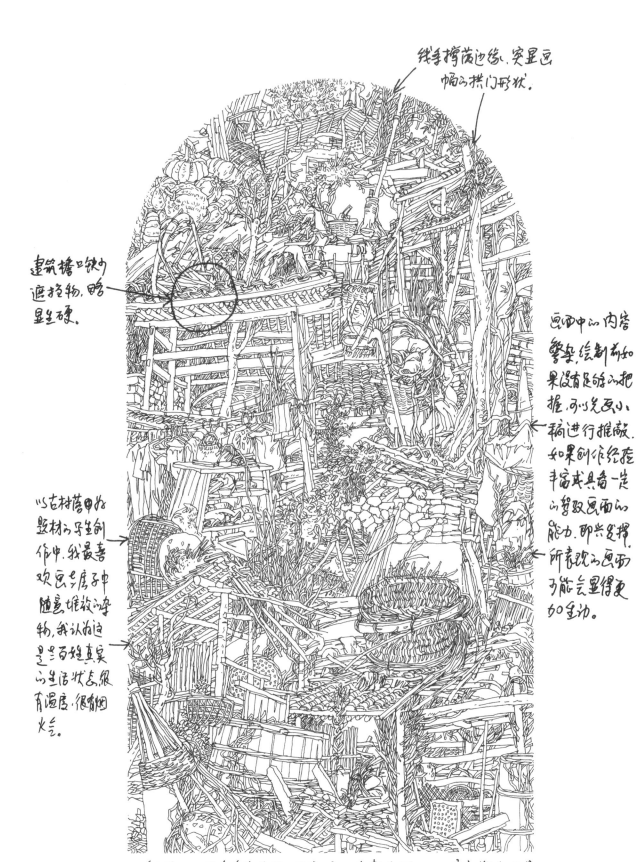

线条撑满边缘,突显画幅的拱门形状。

建筑搭口铁丝遮挡物,略显生硬。

画面中的内容繁琐,绘制前如果没有足够的把握,可以先画小稿进行推敲。如果创作经验丰富或具备一定的驾驭画面的能力,即兴发挥所表现的画面才能显得更加生动。

以古村落的题材的写生创作中,我最喜欢画老房子中随意堆放的杂物,我认为这是老百姓真实的生活状态,很有温度,很有烟火气。

0. 钢笔画以线条作为造型的手段,它不依赖色彩和明暗来塑造,而是通过线条的变化、组合来表现物象的形态、空间和质感,以其清新、自然、质朴的艺术特点散发着无穷的魅力。

◎ 深入挖掘钢笔画的艺术语言，最大限度地发挥和利用线条的优势，对探寻和掌握钢笔画的表现规律、拓展钢笔画的艺术形式，有着极为重要的作用，也是形成钢笔画作品风格、拓展钢笔画形式面貌的极佳途径。

 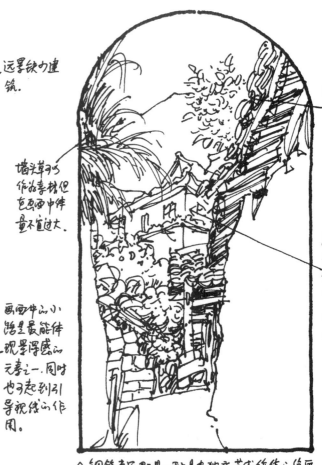

06 创作

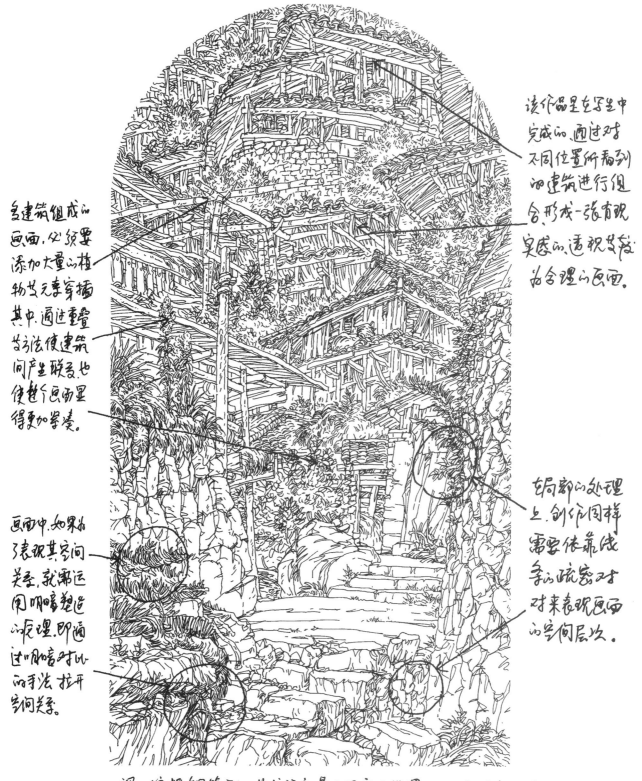

该作品是在写生中完成的,通过对不同位置所看到的建筑进行组合,形成一张有现实感的、透视关系较为合理的画面。

多建筑组成的画面,必须要添加大量的植物等元素穿插其中,通过重叠的方法使建筑间产生联系,也使整个画面显得更加紧凑。

在局部的处理上,创作同样需要依靠线条的疏密对比来表现画面的空间层次。

画面中,如果为了表现其空间关系,就需运用明暗塑造的处理,即通过明暗对比的手法,拉开空间关系。

△ 深入挖掘钢笔画的艺术语言,最大限度地发挥和利用线条的优势,对探寻和掌握钢笔画的表现规律、拓展钢笔画的艺术形式,有着极为重要的作用,也是形成钢笔画作品风格、拓展钢笔画形式面貌的极佳途径。

◎ 钢笔画创作的关键不是技巧的熟练，而是心灵的感悟。画家应该保持一份悟性作画，超越传统、创立新意，这样的作品才会有感人至深的力量。

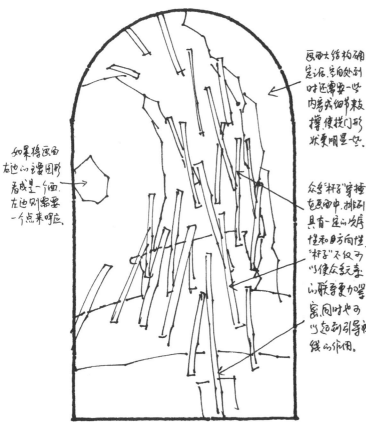

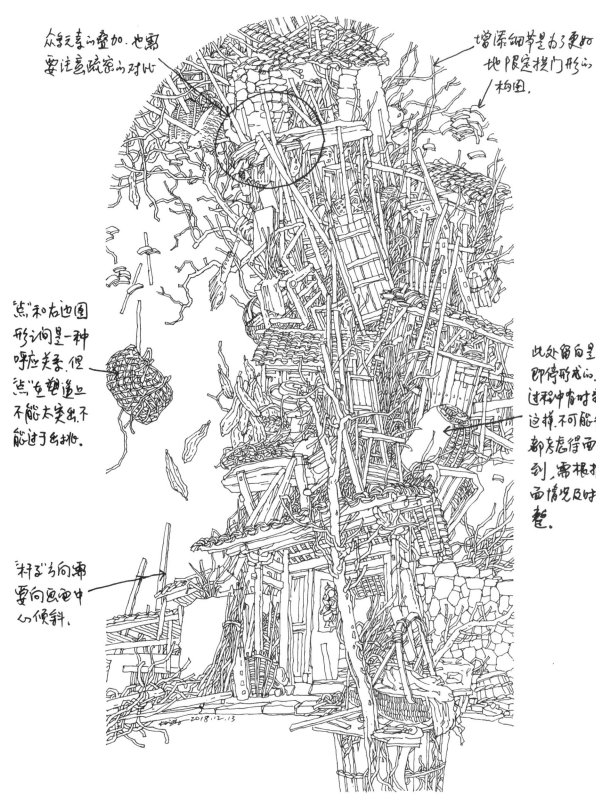

◎ 每位作者对钢笔线条的理解不同。对某些作者来讲，线条是一种意识，一种精神，更是一种高度凝练的情感。

◎ 钢笔线条质朴笃实、含蓄内敛，透露着一种力量，既有简洁与纯粹之美，又不缺传统与现代相结合之美。

◎ 钢笔线条的表现、组合得当与否，直接影响着物象形体的塑造，所以需要特别注重线条的表现技巧及组合的规律和方法。

◎ 线条是钢笔画家进行写生创作最基本的载体和符号媒介，也是作者情感流露的承载物，彰显出每位作者的个性。

06 创作

△ 钢笔线条的表现、组合得当与否,直接影响着物象形体的塑造,所以需要特别注重线条的表现技巧及组合的规律和方法。

△ 线条是钢笔画家进行写生创作最基本的载体和符号媒介,也是作者情感流露的承载物,彰显出每位作品的个性。

◎ 每位作者都应有自己独特的绘画语言，这种语言是在长期的实践积累中形成的。有时我看其他人的绘画语言也特别好，特别喜欢，也想学，但学不好，还不如老老实实画自己的东西。

 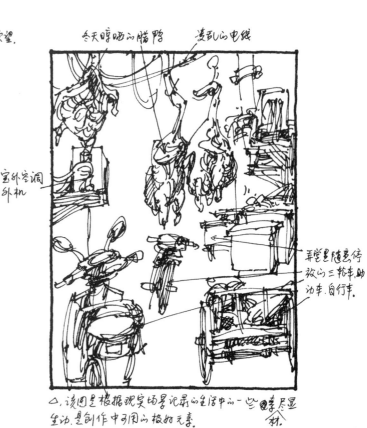

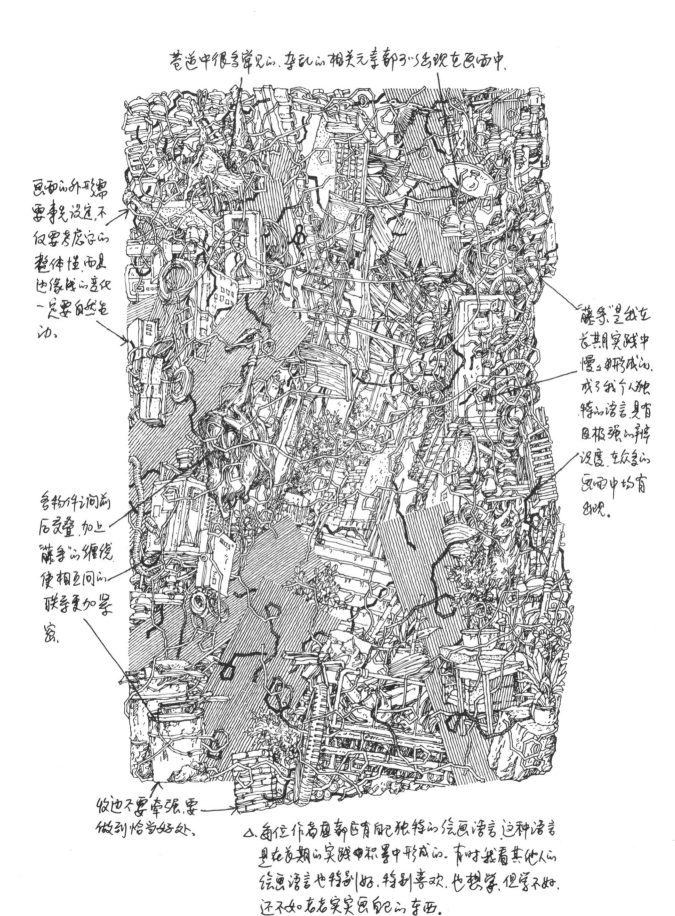

◎ 经过主观处理的画面，不仅构成了比对象本身更真实有力的特征，而且更加突出了物象的本质特性。线条和恰到好处的留白谱写出一支支和谐流动的线的协奏曲。

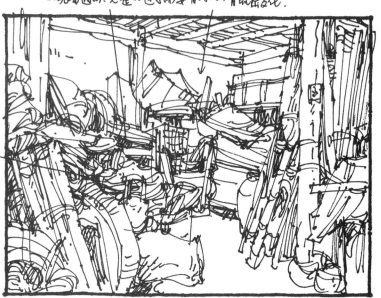

△ 根据现实场景所描绘的速写，从画面内容和表现来讲应该没啥问题。

△ 与上图相比，该图在表现形式上主观做了些处理，给人以不同的视觉感受。从中也可以看出客观描绘与主观创作是有较大区别的。

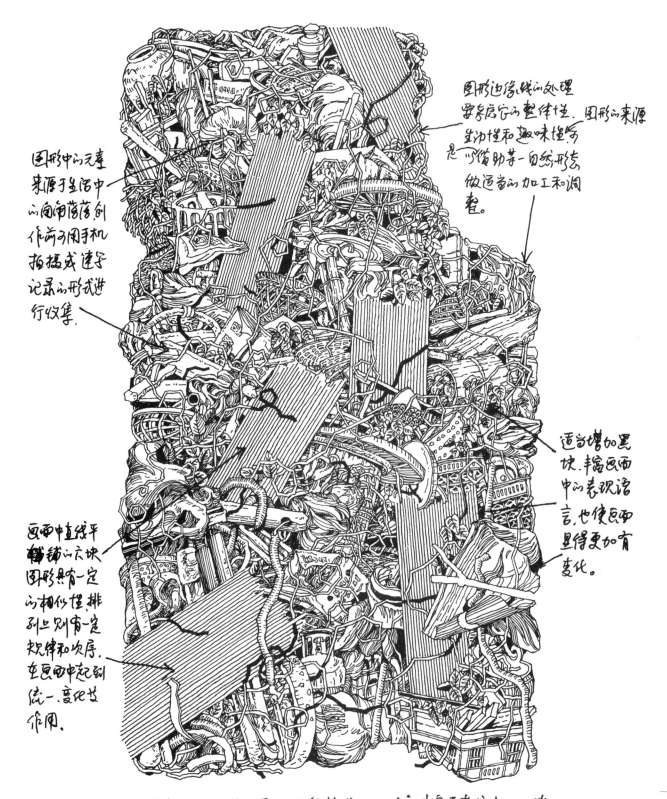

◎ 对我来讲，选景的标准就是场景是否入画。什么是"入画"？每个人的视角、感受、理解都不一样。有时是场景打动了作者，如很感人、色彩很漂亮、造型很独特、空间结构很清晰；有时是作者对某一类专题特别感兴趣，如建筑、身上的服饰、器物、自然景观等，而我对杂物则情有独钟。

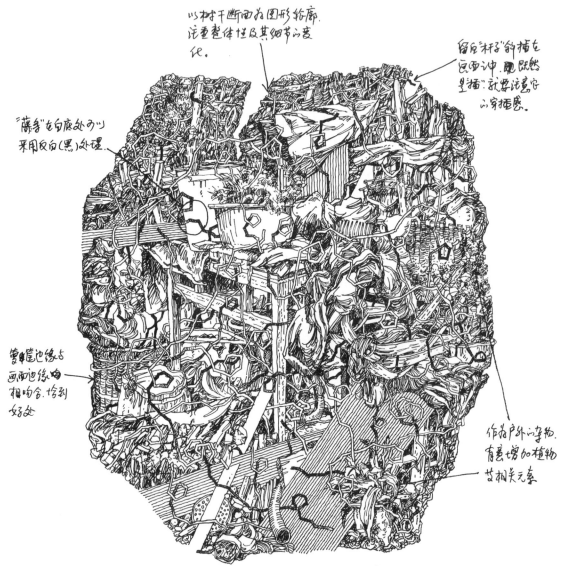

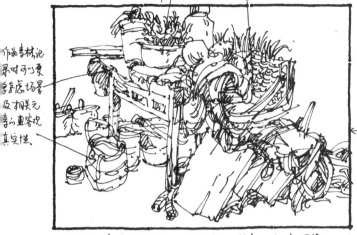

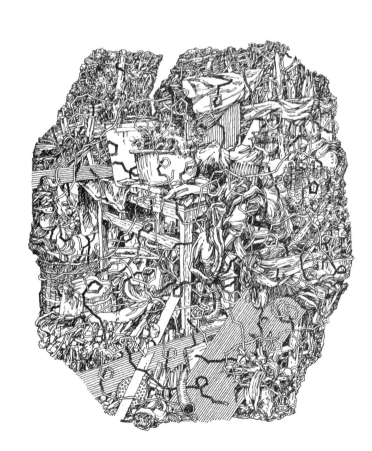

◎ 注重线条运用的钢笔线描画法是一种具有独特表现方式的绘画艺术，其绘画风格亦多变，用线可以严谨、准确、一丝不苟，也可以大胆、随性、洒脱奔放，或是朴拙、平实、还朴反古的表现风格。

◎ 我喜欢画老房子，自然就比较喜欢去古镇、古村落、古寨子，或是相对比较落后的地区。在古村落中又更喜欢画老房子中随意堆放的杂物，我认为这是老百姓真实的生活状态，很有温度、很有烟火气。

06
创作

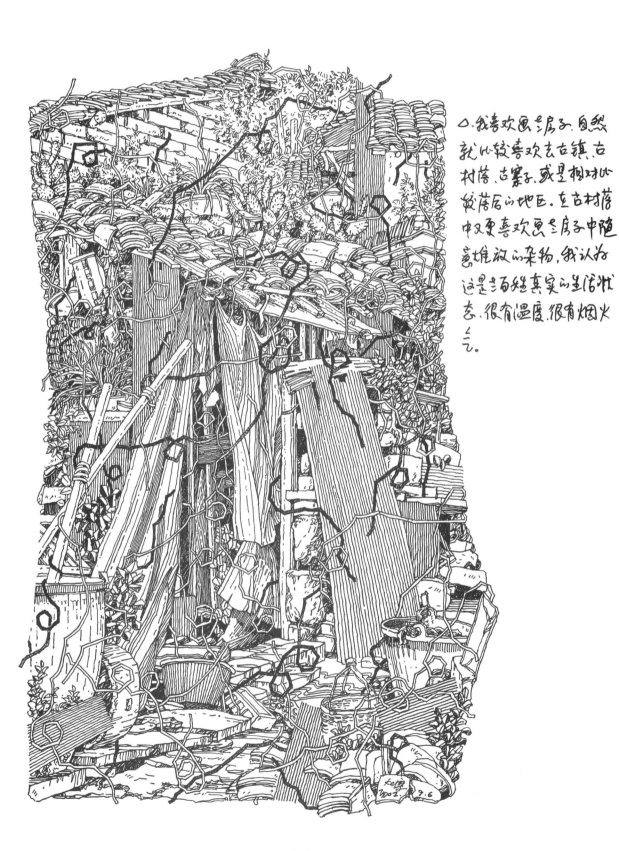

△.我喜欢画老房子,自然就比较喜欢去古镇、古村落、古寨子,或是相对比较落后的地区。在古村落中又更喜欢老房子中随意堆放的杂物,我认为这是非常真实的生活状态,很有温度,很有烟火气。

◎ 作者可以借助钢笔线条的个性特点，表达主观思想和客观事物，是画家传达对物象情感的重要方式。

◎ 钢笔画线条作为造型的手段，它不依赖色彩和明暗来塑造，而是通过线条的变化、组合来表现物象的形态、空间和质感，以其清新、自然、质朴的艺术特点散发着无穷的魅力。

◎ 钢笔画主要依靠线条塑造形象，线条极富艺术表现力，是钢笔画的根性语言，也是最重要的造型手段。

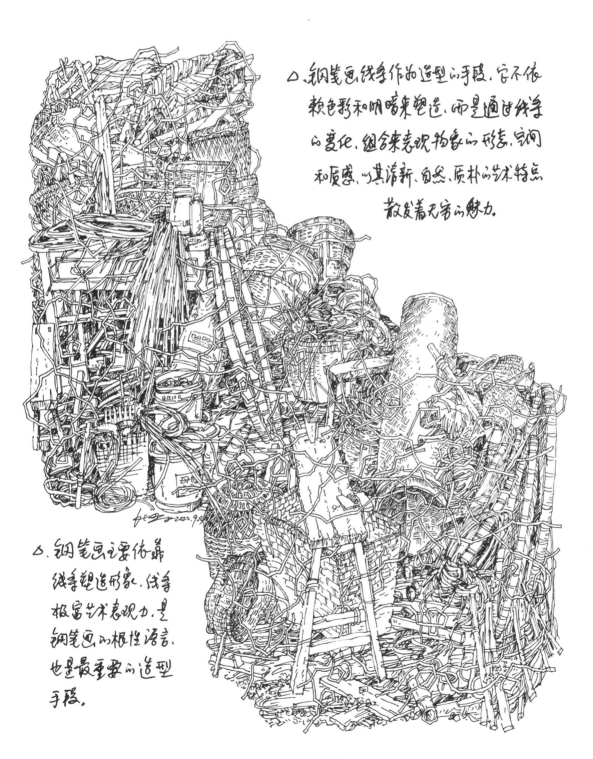